Frontiers in Physics 3

クォーク・グルーオン・プラズマの物理
実験室で再現する宇宙の始まり

秋葉康之 [著]

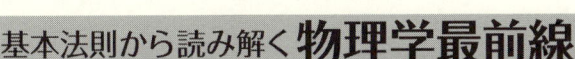
基本法則から読み解く **物理学最前線**

須藤彰三
岡　真　[監修]

3

共立出版

刊行の言葉

　近年の物理学は著しく発展しています．私たちの住む宇宙の歴史と構造の解明も進んできました．また，私たちの身近にある最先端の科学技術の多くは物理学によって基礎づけられています．このように，人類に夢を与え，社会の基盤を支えている最先端の物理学の研究内容は，高校・大学で学んだ物理の知識だけではすぐには理解できないのではないでしょうか．

　そこで本シリーズでは，大学初年度で学ぶ程度の物理の知識をもとに，基本法則から始めて，物理概念の発展を追いながら最新の研究成果を読み解きます．それぞれのテーマは研究成果が生まれる現場に立ち会って，新しい概念を創りだした最前線の研究者が丁寧に解説しています．日本語で書かれているので，初学者にも読みやすくなっています．

　はじめに，この研究で何を知りたいのかを明確に示してあります．つまり，執筆した研究者の興味，研究を行った動機，そして目的が書いてあります．そこには，発展の鍵となる新しい概念や実験技術があります．次に，基本法則から最前線の研究に至るまでの考え方の発展過程を"飛び石"のように各ステップを提示して，研究の流れがわかるようにしました．読者は，自分の学んだ基礎知識と結び付けながら研究の発展過程を追うことができます．それを基に，テーマとなっている研究内容を紹介しています．最後に，この研究がどのような人類の夢につながっていく可能性があるかをまとめています．

　私たちは，一歩一歩丁寧に概念を理解していけば，誰でも最前線の研究を理解することができると考えています．このシリーズは，大学入学から間もない学生には，「いま学んでいることがどのように発展していくのか？」という問いへの答えを示します．さらに，大学で基礎を学んだ大学院生・社会人には，「自分の興味や知識を発展して，最前線の研究テーマにおける"自然のしくみ"を理解するにはどのようにしたらよいのか？」という問いにも答えると考えます．

　物理の世界は奥が深く，また楽しいものです．読者の皆さまも本シリーズを通じてぜひ，その深遠なる世界を楽しんでください．

　　　　　　　　　　　　　　　　　　　　　　　　　　　　須藤彰三
　　　　　　　　　　　　　　　　　　　　　　　　　　　　岡　真

まえがき

 本書は，宇宙初期に存在していた超高温物質であるクォーク・グルーオン・プラズマ（QGP）について，理工系の大学生一般を対象にした解説書である．クォークとグルーオンとは何かから始めて，QGPとは何か，高エネルギー原子核衝突実験によるQGPの生成，そしてQGP研究の最新の成果にいたるまでを解説する．

 私たちの周りの物質は原子からできていて，その中心には原子核がある．原子核は核子が集まってできている．クォークとグルーオンは，その核子を作っている素粒子である．現在の宇宙では，クォークもグルーオンも核子の中に閉じ込められている．しかし，約2兆℃以上の超高温では，核子が溶けてクォークとグルーオンが解放される．その結果，クォークとグルーオンからなる熱いスープであるQGPができる．今から約138億年前に宇宙ができた直後，宇宙の温度が2兆℃以上だったとき，宇宙はQGPで満たされていた．

 最近になって，そのQGPを実験室で作れるようになった．金や鉛などの重い原子核を超高エネルギーで正面衝突させ，超高温状態を作りだすことによって，ほんの一瞬だがQGPを生み出せるようになったのだ．実験室で宇宙の初期状態を再現し，その性質が調べられるようになったのである．

 私は「QGPを作って，その性質を調べる」という実験研究に従事してきた．この研究を始めたのはまだ大学院生の時で，30年近く前のことになる．当時，「原子核同士を超高エネルギーで衝突で衝突させれば，QGPが作れるのではないか」という予想に基づいて，米国のブルックヘブン国立研究所（BNL）のAGS加速器とヨーロッパのセルン（CERN）のSPS加速器で高エネルギー原子核衝突実験が開始されようとしていた．「QGPという新物質を生み出す」という可能性に魅せられてAGSでの実験に参加したのだが，そこではQGPを見つけることはできなかった．もっと強力は加速器と測定装置が必要だったのである．

 米国はその後，QGPを生み出すために，RHICという衝突型重イオン加速器をBNLに建設する．私は，RHICでの2大実験の一つであるPHENIX実験に，

その立案段階から参加した．RHIC は 2000 年にその運転を開始し，RHIC での金＋金衝突で高密度の新物質が生み出されていることが 2005 年までに確立した．2010 年には，この物質の温度が約 4 兆℃に達していることがわかった．ついに，QGP を人工的に生み出すことができるようになったのだ．

QGP の物理は非常に新しい，急速に発展している研究分野だ．2000 年の RHIC の運転開始以来精力的な研究が続けられ，ほとんど毎年のように新しく画期的な研究成果が実験と理論の両面で生み出されている．読者にこの急速に発展する分野の研究成果を伝えたいと考えている．

記述にあたっては，理工系の大学生が予備知識なしで理解できるように努めたつもりだが，それが成功しているかどうかは心もとない．読者諸兄姉のご批判を待つ次第である．

筆者が PHENIX 実験に参加しているため，RHIC での実験結果の多くは，PHENIX 実験からとられている．PHENIX 実験には日本から 10 以上の研究機関が参加している．これらの実験結果は，非常に多くの方々の長期間にわたる膨大な努力と巨額の投資の成果である．

最後に，私が QGP の研究ができたのは，家族の協力があってのことである．この場を借りて感謝したい．

2014 年 3 月

秋葉康之

目 次

第 1 章　宇宙初期の超高温物質を作る　　　　　　　　1

第 2 章　クォークとグルーオン　　　　　　　　　　　5

 2.1　物質の階層構造 5
 2.2　素粒子の標準モデル 12

第 3 章　相対論的運動学と散乱断面積　　　　　　　17

 3.1　自然単位系 17
 3.2　特殊相対性理論 19
 3.3　相対論的運動学 24
 3.4　散乱実験と散乱断面積 32

第 4 章　クォークとグルーオン間の力学
   　── 量子色力学 QCD 入門 ──　　　　　37

 4.1　場の理論の考え方 37
 4.2　ラグランジアン：相互作用を表現する関数 38
 4.3　量子電磁力学 QED のラグランジアン 40
 4.4　ゲージ対称性とゲージ理論 42
 4.5　カラー 44

4.6 量子色力学 QCD のラグランジアン 45
4.7 摂動論とファインマン図 49
4.8 高次の摂動とくりこみ理論 55
4.9 漸近自由性 57
4.10 格子 QCD 理論 61

第 5 章　QCD 相構造とクォーク・グルーオン・プラズマ　65

5.1 クォークの閉じ込め 66
5.2 カイラル対称性 69
5.3 対称性の自発的破れ 72
5.4 カイラル対称性の自発的破れとクォーク凝縮 75
5.5 QCD の相構造 77
5.6 MIT バッグ・モデルによる QCD 相転移の推定 81
5.7 格子 QCD 計算による QCD 相転移 85

第 6 章　高エネルギー原子核衝突　91

6.1 主な重イオン加速器 92
6.2 高エネルギー原子核衝突実験 96
6.3 核子の構造とパートン分布関数 101
6.4 核子＋核子衝突反応 106
6.5 原子核衝突反応 111

第 7 章　RHIC でのクォーク・グルーオン・プラズマの発見　129

7.1 ブジョルケン・エネルギー密度 130
7.2 ハドロン生成：終状態での熱平衡の達成 131
7.3 発見 1：高横運動量粒子生成の抑制 137
7.4 発見 2：強い楕円フロー 146

7.5 直接光子測定による高温相の検証 153

第8章 クォーク・グルーオン・プラズマ研究の展開　161

8.1 LHC でのジェット抑制の測定 162
8.2 ゆらぎと高次のフロー強度 v_n 165
8.3 重いクォークの測定 168
8.4 J/ψ と Υ の抑制 172
8.5 展望–QGP 物性の定量的理解を目指して 180

付録　参考図書等の案内　181

第1章 宇宙初期の超高温物質を作る

　クォーク・グルーオン・プラズマ（QGP）は，超高温・高エネルギー密度の新物質である．この物質は，物質を構成する素粒子であるクォークとグルーオンからなる高温のスープで，約2兆℃以上の高温でこの物質が生み出される．この物質状態があることは1970年代から理論的に予想されていたが，今世紀になって初めて，それが人工的に生成され，その存在が確認された．

　ビッグバン直後に宇宙がまだ高温状態にあったとき，宇宙はこの物質で満たされていた．現在の宇宙ではクォークやグルーオンは陽子や中性子のなかに「閉じ込め」られている．クォークやグルーオンは陽子や中性子のなかにのみ存在していて，それを単体で取り出すことはできない．しかし宇宙初期，温度が2兆℃以上だったときは，陽子も中性子も存在しなかった．あまりの高温のために，陽子や中性子は溶けてしまい，存在できなかったのだ．このとき，クォークやグルーオンは広い空間を動き回っていた．

　水には「気体の水蒸気」，「液体の水」，「固体の氷」という3つの状態がある．こうした異なる状態を「相」とよぶ．水は気体相，液体相，固体相，という3つの相をもっている．高温から低温へ温度が変わると水蒸気→水→氷と相を変えていく．こうした状態変化を「相転移」とよぶ．それと同様に，クォークとグルーオンからなる物質には高温の「QGP相」と低温の「ハドロン相」がある．温度が約2兆℃でQGP相からハドロン相への相転移が起こる．

　宇宙が膨張してその温度が下がると，QGPから現在の宇宙の状態であるハドロン相への「相転移」が起こった．新たに陽子や中性子ができて，クォークやグルーオンはそのなかに「閉じ込め」られてしまった．これは水が凍りついて氷粒になるように，クォークとグルーオンからなる熱いスープが冷えて凍り，陽子や中性子という氷粒ができたようなものだ．この「クォーク・ハドロン相

転移」はビッグ・バンから約10マイクロ秒後（約10万分の1秒後）に起こったと考えられている．

2000年に米国のブルックヘブン国立研究所 (BNL) で相対論的重イオン衝突型加速器 RHIC がその運転を開始した．この加速器の目的は，金などの重い原子核同士を超高エネルギーで衝突させることにより，原子核物質を加熱・圧縮し，宇宙初期と同じ高温状態を再現し，QGP を人工的に作り出すことにあった．先のたとえを使えば，陽子・中性子というクォークとグルーオンの「氷粒」が集まってできている原子核という「雪玉」を融かして，クォークとグルーオンからなる「熱いスープ」に戻そうというわけである．

2005年までに，RHIC の金原子核衝突で，高密度のパートン物質が生み出されていることが確立した．ここで，パートンとはクォークとグルーオンの総称である．2010年初めには，RHIC で生み出された物質の初期温度が約4兆℃に達していると推定された．これは QGP への転移温度である2兆℃よりも高い．宇宙初期にのみ存在していた QGP を人工的に作り出せるようになったのだ．

さらに，2010年末には欧州原子核研究所セルン (CERN) の世界最大の加速器 LHC で鉛原子核衝突実験が開始され，RHIC で作られるものよりもさらに高温の QGP が作れるようになった．現在，QGP の性質を解明すべく，RHIC，LHC という2大加速器施設で精力的な実験研究が行われている．

RHIC で生み出された QGP の初期温度の約4兆℃は，自然界で知られている温度としても，人工的に生み出された温度としても，桁違いに高い最高温度になる．例えば，太陽の中心温度は千五百万℃，核融合研究のためのプラズマの温度は一億℃程度にすぎない．QGP は，これまで知られていなかった超高温状態になる．

しかし，QGP の生成が画期的なのは，単に達成した温度が非常に高いということにあるのではない．それよりもはるかに重要なことは，素粒子場の相転移を初めて実現したことにある．

「素粒子場」とか「相転移」いう聞きなれない言葉に戸惑う読者もいると思う．相転移を知っている方でも，「『素粒子場が相転移をする』とはどういう意味だろうか」と疑問に思う方が多いと思うので説明しよう．

現代物理学の基礎理論である「場の量子論」によれば，「何もない空っぽの空間」というものはない．何もないように見える空間も，電磁場や電子場などの

素粒子場で満たされている．電子やクォークやグルーオンという素粒子には，それに対応して電子場やクォーク場やグルーオン場があり，電磁波を粒子としてとらえると光子という素粒子になる．この「場の量子論」の考え方では，「真空」とはこうした量子場の基底状態，つまりエネルギーが最低の状態のことを意味する．この「真空」にエネルギーが加わると，励起状態が生まれて，場の上を波動として伝わる．この場の上を伝わる励起状態が粒子なのである．

初めて聞くと，これは非常に奇妙に思えるだろう．「波と粒子が同じとはどういうことなのか」とか「何故そうなっているのか」という疑問が浮かぶかもしれない．しかし，この一見奇妙に見える理論的枠組で，重力を除くすべての自然現象を説明できる．場の量子論は「素粒子の標準モデル」の基礎となる理論である．「標準モデル」は非常に良い成功を収めている理論で，現時点の素粒子実験データのすべてを矛盾なく説明することができる．「自然はそういう奇妙なあり方をしているのだ」と受け入れていただきたい．

奇妙なことはそれにとどまらない．さらに奇妙なことに，この空間を満たしている素粒子場が複数の状態（相）をもち，温度などの条件を変えることによって，一つの相から別の相へと相転移を起こすというのである．

これは実に驚くべきことだ．「何も無い空間」に，実は電磁場やクォーク場などの色々な種類の「素粒子場」があまねく存在している．しかも，その素粒子場が複雑な性質をもった媒体であって，それが水のように相転移をするというのだ．水のように複雑な物質が，複雑な性質をもち，固体・液体・気体といった相構造をもっていることはそれほど不思議ではない．複雑なものが複雑な振る舞いをするのは当たり前といえる．しかし，素粒子とは単純なもののはずである．単純なはずのクォークとグルーオンの場が自明でない相構造をもつというのは驚くべきことだ．

QGPの研究とは，クォークとグルーオンという素粒子の場に対して，日常的に知っている状態と違った別の相状態を生み出し，研究することである．これは，「素粒子場の相転移」を人工的に生み出せる唯一の場合になる．それはまた宇宙最初期にのみ存在していた状態を再現し研究することでもある．

RHICでQGPが作られる以前の予想としては，それはクォークとグルーオンが弱く相互作用しているガスだと予想されていた．実際に作られたQGPは，クォークとグルーオンが強く相互作用している物質で，粘性がほとんどない「完

全流体」であることがわかってきた．その他様々な予想外の性質をもっている．QGP 研究は，発見の段階から，その物性を定量的に研究する段階に移りつつある．QGP の物理は非常に豊富で，これからも多くの驚きをもたらすものと思われる．

　以下，本書の構成と，各章の概要を述べる．第 2 章では，クォークとグルーオンとは何かを説明し，合わせて，素粒子の標準モデルについて簡単に紹介する．第 3 章では，ほぼ光速で運動する粒子の運動を理解するために必要な，相対論的運動学を解説する．合わせて，高エネルギー衝突実験の基本的測定量である散乱断面積について説明する．第 4 章はクォークとグルーオン間の相互作用の基礎理論である量子色力学（QCD）への入門的紹介である．第 5 章では，「閉じ込め」と「カイラル対称性の自発的破れ」について説明した後，QCD の相構造を説明する．そして，クォーク・グルーオン・プラズマへの「相転移」がどのように起こるかについて，最初は現象論的モデルで説明し，続いて，QCD の第一原理計算である格子 QCD 計算の結果を紹介する．第 6 章では，QGP を作り出し，研究する手段である高エネルギー原子核衝突反応について解説する．第 7 章では，RHIC おける QGP の発見について述べる．どのような実験事実から QGP が生成されたと結論されたのか，それがどのような性質をもっているとわかったのかを解説する．第 8 章では，QGP 発見後の最近の研究成果について紹介する．

第2章 クォークとグルーオン

クォーク・グルーオン・プラズマ (QGP) は，クォークとグルーオンからなるプラズマ状態である．それでは，クォークとは何だろうか．グルーオンとは何だろうか．読者のなかには，物質の基本構成要素であるクォークについては，その名前を聞いたことがある人も多いと思う．しかし，グルーオンについては，聞いたこともないという人が多いのではないだろうか．

クォークは，物質を作る基本粒子または素粒子の一つである．グルーオンは，クォーク間の「強い相互作用」を媒介している「力の粒子」である．これは，電磁気力の場合の「光子」に相当する素粒子である．

電子や光子も素粒子である．しかし，電子や光子が直接観測できるのに対して，クォークやグルーオンは，陽子や中性子のなかに「閉じ込め」られているために，それを直接観測することはできない．

この章では，物質の階層構造を説明し，クォークとは何か，グルーオンとは何かを説明する．合わせて素粒子の標準モデルを解説する．

2.1 物質の階層構造

私たちの身近にある物質は原子からできている．例えば，水を分解していくと，水分子になり，水分子 (H_2O) は水素原子 (H) 2個と酸素原子 (O) 1個からできている．

原子はさらに中心にある原子核と，その周りを巡る電子からなる．水素原子はその原子核である陽子の周りを1個の電子が回っている．酸素原子は，酸素原子核とその周りを回る8個の電子からなる．

電子はマイナスの電荷をもち，原子核はプラスの電荷をもつ．電子のもつ電

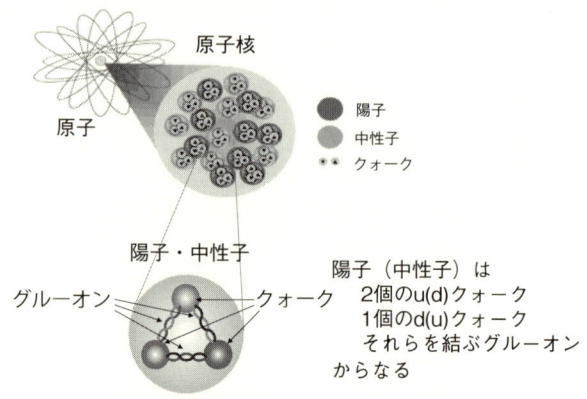

図 **2.1** 原子からクォークまでの階層.

荷の大きさを素電荷とよび e で表す．電子のもつ電荷は $-1e$ である．プラスの電荷をもつ原子核とマイナスの電荷をもつ電子の間にはたらくクーロン力によって電子は原子核に束縛され，その周りを回っている．電子は軽いので，原子の質量の大部分，99.9% 以上は原子核が担っている．

原子核

　原子核のもつ電荷の量は，素電荷 e の整数倍になっている．原子核のもつ電荷を素電荷 e で割った数を原子番号といい，通常 Z で表す．原子核のもつ質量は，陽子の質量のほぼ整数倍になっている．原子核の質量を陽子の質量で割り，まるめた整数を質量数といい，A で表す．

　原子核は陽子と中性子からできている．中性子は，陽子とほとんど同じ質量をもった電荷をもたない粒子である．原子番号 Z で質量数 A の原子核は Z 個の陽子と $(A-Z)$ 個の中性子からなる．

　原子核の大きさは電子散乱などの方法で測定することができる．質量数 A の原子核の半径 R は $R = 1.2A^{1/3}$ fm という式で表すことができる．ここで，fm はフェムトメータという長さの単位で，1 fm $= 10^{-15}$ m である．原子の大きさは 10^{-10} m $= 10^5$ fm 程度なので，原子核の大きさは原子の 1 万分の 1 から 10 万分の 1 の大きさになる．

陽子，中性子（核子）

　陽子と中性子は質量も大きさもほとんど同じ粒子である．陽子はプラスの電荷をもち，中性子は電荷をもたないという大きな違いがあるが，それを除けばほとんど双子の兄弟のように性質が似ているので，どちらも「原子核を構成する粒子」という意味で「核子」とよぶ．陽子と中性子はともに同じ「核子」という粒子の仲間であり，その電荷状態が違ったもの（陽子は正電荷，中性子は中性電荷）だと考えるのである．

　陽子，中性子，電子などの粒子の質量を表すのには，MeV または GeV いう単位を使う（この単位の意味については，3.1 節で説明する）．陽子の質量は 0.938 GeV，中性子の質量は 0.940 GeV，電子の質量は 0.511 MeV である．1 GeV=1000 MeV なので，核子の質量は電子の約 1800 倍になる．

　20 世紀の半ばまでは，物質の階層構造はここで終わっていた．すべての物質は電子，陽子，中性子でできていると思われていた．実際，原子核より大きなスケールを考える場合は，これであまり不都合はない．ほとんどすべての自然現象を，陽子と中性子からなる原子核，原子核の周りを回る電子，そしてそれらの間にはたらく電磁気力で説明できる．

ハドロンとその内部構造

　高エネルギー加速器を用いる実験が始まると，さらに多数の粒子が生み出されるようになった．その結果，陽子や中性子は「ハドロン」とよばれる一連の粒子のグループに属していることがわかった．現在では非常に多くの種類のハドロンが知られているが，私たちの周りにある物質のなかにあるハドロンは陽子と中性子だけである．

　ハドロンは，それがもつ「スピン」という性質によって，バリオンとメソンに分類される．スピンが半整数 (1/2, 3/2, ...) のハドロンをバリオンとよび，スピンが整数 (0, 1, 2, ...) のものをメソンまたは中間子とよぶ．陽子や中性子はバリオンに属する．メソンの例としては，π中間子がある．π には，π^+，π^0，π^- の 3 つの電荷状態がある．$\pi^\pm$ の質量は 139 MeV，π^0 の質量は 135 MeV とほかのハドロンに比べて非常に小さい．高エネルギーの核子同士や原子核同士の衝突反応で発生するハドロンの 7−8 割は π である．

　また，スピンが半整数の粒子はフェルミオンともよばれ，スピンが整数の粒

子はボソンともよばれる．フェルミオンの場合，同じ量子状態を占めることのできる粒子の数は0個か1個である．これは，「パウリの排他原理」とよばれる．ボソンの場合は同じ量子状態を占める粒子数に制限がない．統計力学では，スピンが半整数の粒子はフェルミ統計に従い，スピンが整数の粒子はボーズ統計に従う．

1950年代，ハドロンは素粒子であると考えられていた．素粒子とは内部構造のない粒子で，それ以上分割できないものである．しかし，高エネルギー加速器実験の結果，ハドロンは内部構造のある複合粒子であることが明らかになった．

ハドロンはクォークとその反粒子[1]である反クォーク，そしてそれらを結びつける「力の粒子」であるグルーオンからできている．大雑把にいえば，陽子や中性子などのバリオンは3個のクォークからなり，πなどのメソンは1個のクォークと1個の反クォークからなる．グルーオンはクォークや反クォークの間を飛び交って，それらを結びつけている．「大雑把にいえば」と書いたのは，より細かくみていくと，このほかにクォーク・反クォークの対やグルーオンがハドロン内で生成・消滅を繰り返しているためである．

表2.1に主なハドロンとその性質をまとめる．ここに示したハドロンは現在知られている数百個のハドロンのごく一部である．クォーク構成のところに書かれているu, d, sなどはクォークの種類で，これについては後で説明する．

バリオン数

ハドロン内では，クォーク，反クォークやグルーオンが生成と消滅を繰り返している．このため，ハドロン内のクォークや反クォークの数は不定になる．しかし，クォークと反クォークは常に対で作られたり，消滅したりする．このため，クォークの数から反クォークの数を引いた正味のクォークの数は変わらない．陽子や中性子などのバリオンの場合は，この正味のクォークの数は常に3になる．一方，メソンの場合は正味のクォークの数は常に0になる．

---

[1] すべての粒子にはその反粒子が存在する．反粒子は電荷などの性質が粒子の逆になる．例えば電子は$-1e$の電荷をもつが，その反粒子である陽電子は$+1e$の電荷をもつ．陽子の反粒子は反陽子で，反陽子の電荷は$-1e$である．電荷をもたない場合，粒子と反粒子が一致することもある．例えば光子の反粒子は光子自身である．

表 2.1 主なハドロンとその主な性質. Σ^* は電荷が $+1,0,-1$ の 3 種類, Ξ^* は電荷が 0 と -1 の 2 種類あるが, 質量の値はその平均値である. 出典：Particle Data Group, Phys.Rev.D86,010001.

	ハドロン	電荷	スピン	質量	クォーク構成
メソン	π^0	0	0	0.135 GeV	$(\bar{u}u - \bar{d}d)/\sqrt{2}$
	π^+, π^-	$+1, -1$	0	0.139 GeV	$\bar{d}u, \bar{u}d$
	K^+, K^-	$+1, -1$	0	0.494 GeV	$\bar{s}u, \bar{u}s$
	$K^0, \bar{K}^0$	0	0	0.498 GeV	$\bar{s}d, \bar{d}s$
	η	0	0	0.548 GeV	$(\bar{u}u + \bar{d}d)/\sqrt{2}$
	η'	0	0	0.958 GeV	$\bar{s}s$
	ρ^0	0	1	0.776 GeV	$(\bar{u}u - \bar{d}d)/\sqrt{2}$
	ρ^+, ρ^-	$+1, -1$	1	0.776 GeV	$u\bar{d}, \bar{u}d$
	ω	0	1	0.783 GeV	$(\bar{u}u + \bar{d}d)/\sqrt{2}$
	ϕ	0	1	1.019 GeV	$\bar{s}s$
	K^{*+}, K^{*-}	$+1, -1$	1	0.892 GeV	$\bar{s}u, \bar{u}s$
	$K^{*0}, \bar{K}^{*0}$	0	1	0.896 GeV	$\bar{s}d, \bar{d}s$
	$D^0, \bar{D}^0$	0	0	1.865 GeV	$c\bar{u}, \bar{c}u$
	D^+, D^-	$+1, -1$	0	1.870 GeV	$c\bar{d}, \bar{c}d$
	J/ψ	0	0	3.096 GeV	$\bar{c}c$
	$\psi(2S)$	0	0	3.686 GeV	$\bar{c}c$
	$B^0, \bar{B}^0$	0	0	5.280 GeV	$d\bar{b}, \bar{d}b$
	B^+, B^-	$+1, -1$	0	5.279 GeV	$d\bar{b}, \bar{d}b$
	$B_s^0, \bar{B}_s^0$	0	0	5.367 GeV	$s\bar{b}, \bar{s}b$
	$\Upsilon(1S)$	0	1	9.460 GeV	$\bar{b}b$
	$\Upsilon(2S)$	0	1	10.023 GeV	$\bar{b}b$
	$\Upsilon(3S)$	0	1	10.355 GeV	$\bar{b}b$
バリオン	p(陽子)	1	1/2	0.938 GeV	uud
	n(中性子)	1	1/2	0.940 GeV	uud
	Λ	0	1/2	1.116 GeV	uds
	Σ^+	$+1$	1/2	1.189 GeV	uus
	Σ^0	0	1/2	1.193 GeV	dds
	Σ^-	-1	1/2	1.197 GeV	uds
	Ξ^0	0	1/2	1.315 GeV	uss
	Ξ^-	-1	1/2	1.321 GeV	dss
	Δ^{++}, Δ^+	$+2, +1$	3/2	1.232 GeV	uuu, uud
	Δ^0, Δ^-	$0, -1$	3/2	1.232 GeV	udd, ddd
	Σ^*	$+1, 0, -1$	3/2	1.385 GeV(平均)	uus, uds, dds
	Ξ^*	$0, -1$	3/2	1.533 GeV(平均)	uus, uds, dds
	Ω^-	-1	3/2	1.672 GeV	sss
	Λ_c	$+1$	1/2	2.286 GeV	udc
	Λ_b	0	1/2	5.619 GeV	udb

クォークと反クォークが常に対で作られたり，消滅したりするのは，クォークは「バリオン数」という保存量をもっているためである．クォークはバリオン数 1/3 をもち，反クォークは $-1/3$ をもつ．グルーオンのもつバリオン数は 0 である．バリオン数は反応の前後で変わらない．例えば，クォークと反クォークがグルーオンになるという反応では，反応前のバリオン数は $+1/3 + (-1/3) = 0$ であり，反応後も 0 で変わらない．

バリオンは 3 個の正味のクォークからなるので，バリオン数 1 をもつ．反陽子や反中性子などの反バリオンは 3 個の反クォークからなるので，そのバリオン数は -1 になる．メソンはクォークと反クォークからなるので，そのバリオン数は 0 である．歴史的には，粒子間の反応で常に正味のバリオンの数（＝バリオンの数―反バリオンの数）が変わらないことから，バリオン数という保存量が考えられ，その後バリオンは 3 個のクォークからできていることがわかったので，クォークのもつバリオン数が 1/3 になった．

読者のなかには，何故「バリオン数という保存量がある」などという言い方をするのだろうという疑問をもった人もいるかもしれない．バリオン数という保存量を考えるのは，もしそうした保存量がなければ，核子が安定して存在できるという事実を説明できないからである．後に説明するように，質量とエネルギーは同じものなので，エネルギーの保存だけを考えれば，核子が崩壊してエネルギーに変わってもよいはずである．実際，ハドロンの多くは，一瞬にして崩壊してより質量の低い粒子に変わってしまう．例えば π^0 は $\pi^0 \to \gamma\gamma$ という反応で 2 個の光子（γ）に崩壊してしまい，その平均寿命は約 10^{-16} 秒という非常に短い時間である．しかしこれは長寿命なほうで，ハドロンのほとんどは 10^{-22} 秒程度の寿命しかもたず，「ハドロン共鳴状態」とよばれる．

表 2.1 にあるハドロンは，陽子と中性子以外は非常に短寿命であり，中性子も寿命 900 秒ほどで $n \to pe\bar{\nu}_e$ と崩壊するので，安定なハドロンは陽子だけである．陽子の寿命は 2×10^{29} 年以上であることがわかっている．このように，陽子だけが特別に安定している事実を，バリオン数という保存量で説明する．陽子はバリオン数をもつ粒子のなかではもっとも軽いので，エネルギー保存側とバリオン数保存則を満たすためには，もうこれ以上崩壊することができないと考えるのである．

π^0 の場合は，メソンなので，バリオン数をもたない．電荷もない．このため

これを 2 光子に崩壊するのを妨げるものがないから，一瞬にして 2 光子に崩壊する．1 光子に崩壊しないのは，それでは運動量の保存を保てないからである．

中性子の質量は，陽子と電子とニュートリノの質量の和よりわずかに重いので，前述のように陽子と電子と反電子ニュートリノ ($\bar{\nu}_e$) に崩壊する．陽子も中性子もバリオン数 1 をもっているので，バリオン数の保存は満たされている．また，全体の電荷も保存している．中性子の電荷は 0．陽子と電子の電荷はそれぞれ $+e$ と $-e$ で，ニュートリノの電荷は 0 である．終状態に反電子ニュートリノがあるのは，レプトン数という保存量があるためである．電子のレプトン数は 1，陽電子や反ニュートリノのレプトン数は -1 である．

核子・ハドロンと原子核の大きさ

核子の大きさは電子散乱などの方法で測定されている．その結果，核子の大きさは $\langle r \rangle \simeq 0.8$ fm であることがわかっている．核子以外のハドロンは不安定で，短い寿命で崩壊してしまう．例えば，$\pi^\pm$ の寿命は 26 nsec である (1 nsec (1 ナノ秒) = 10^{-9} sec)．このため，その大きさを測定するのは難しいのだが，π など比較的寿命の長いハドロンについては，高エネルギーの π を固定標的の原子の周りを回る電子と散乱させる逆電子散乱法などによって測定されていて，核子とほぼ同じ大きさであることがわかっている．

先に述べたように，原子核の大きさは $R \simeq 1.2\, A^{1/3}$ fm である．核子の大きさが $\langle r \rangle \approx 0.8$ fm なので，原子核は核子がかなり密に詰まっていることがわかる．図 2.1 には，原子核が陽子・中性子がぎっしり詰まったように書いてあるが，実際そうなっているのである．

ハドロンは大きさをもった複合粒子だが，それを構成するクォークやグルーオンは大きさのない点状の素粒子である．電子も光子も点状の素粒子である．高エネルギーの散乱実験で，電子やクォーク，光子やグルーオンに大きさがあるかどうかが調べられているが，これまでの実験結果からは，大きさの上限値として 10^{-5} fm 程度が得られていて，これらの素粒子が大きさゼロの点状粒子であることと矛盾しない．

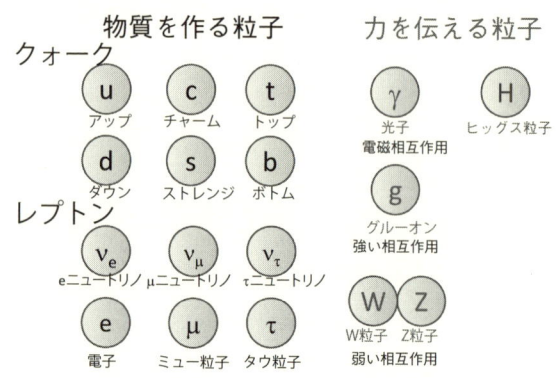

図 2.2　素粒子とその基本相互作用．

2.2　素粒子の標準モデル

標準モデル

　現在では，素粒子の標準モデル（standard model）が確立している．標準モデルを図式的にまとめると図 2.2 のようになる．この理論には 17 種類の素粒子とその間にはたらく 3 種類の基本相互作用がある．素粒子のうち 12 種類はクォーク，レプトンとよばれる物質粒子であり，4 種類はゲージ粒子とよばれる素粒子間の相互作用（＝力）を伝える粒子である．ヒッグス粒子は，物質粒子と W 粒子と Z 粒子に質量を与える．この標準モデルによって，現在知られているすべての素粒子とその間の相互作用を矛盾なく説明することができる．

　この理論が現在の形にまとまってから 40 年近くになる．この間，標準モデルは様々な実験的検証にさらされてきた．標準モデルに基づく理論計算と精密実験の測定結果を比較したり，標準モデルでは許されない現象の探索が行われてきた．しかし，標準モデルに矛盾する実験結果は，今のところ得られていない．

　標準モデルの素粒子のなかで，ヒッグス粒子だけが最後まで発見されなかった．2012 年 7 月に CERN の LHC 加速器でヒッグス粒子と思われる粒子が発見され，その後，その性質の研究からヒッグス粒子であることが確定した．これにより，標準モデルは完成した．ヒッグス粒子の存在を予言したピーター・ヒッグスとフランソワ・アングレールは 2013 年のノーベル賞を受賞した．

物質粒子：クォークとレプトン

標準モデルでは，物質を作る粒子として6種類のクォークと電子の仲間である6種類のレプトンがある．これら物質粒子はすべてスピン1/2をもつフェルミオンである．

クォークには6種類あることが知られている．軽いほうから，u (up アップ)，d (down ダウン)，s (strange ストレンジ)，c (charm チャーム)，b (bottom ボトム)，t (top トップ) という名前がついている．u, c, t クォークは $+2/3e$ の電荷をもち，d, s, b クォークは $-1/3e$ の電荷をもつ．反クォークはクォークと符号が反対の電荷をもつ．例えば，反 u クォーク ($\bar{u}$) の電荷は $-2/3e$ である．この6つあるクォークの種類のことを，フレーバーとよぶ．u, d, s などはクォークのフレーバーの名前である．

これらのクォークと反クォークの組合せでハドロンができる．例えば，陽子は2個の u クォークと1個の d クォークからなり，中性子は1個の u クォークと2個の d クォークからなる．正の電荷をもつ π^+ は1個の u クォークと1個の反 d クォーク ($\bar{d}$) からなる．表2.1に主なハドロンのクォーク構成をまとめてある．

レプトンには電荷をもったレプトンとして電子，ミューオン (μ)，タウ (τ) 粒子の3種類がある．電子はもっとも古くから知られた素粒子で，もっとも身近にある素粒子である．ミューオンは「重い電子」で，電子の約200倍の質量をもつ．タウ粒子は，「さらに重い電子」で，電子の約3600倍の質量をもつ．これら荷電レプトンはすべて電荷 $-1e$ をもち，その反粒子は $+1e$ の電荷をもつ．

電子，ミューオン，タウ粒子のそれぞれに対して，それとペアになったニュートリノがある．電子ニュートリノ，ミュー・ニュートリノ．タウ・ニュートリノの3種類である．ニュートリノは電荷をもたない．またその質量はほとんどゼロである．長らくニュートリノの質量はゼロと思われてきたが，20世紀の最後にニュートリノ振動という現象が日本のスーパーカミオカンデ実験で発見され，質量が完全にはゼロではないことがわかった．

これら12種類の物質粒子はすべて発見されている．また，現在のところ，これら12種類の粒子以外の物質粒子は見つかっていない．これらはすべてスピンが 1/2 のフェルミオンで，内部構造をもたない点状粒子である．表2.2に物質粒子の性質をまとめる．

表 2.2 物質粒子とその主な性質．電，弱，強の欄はそれぞれ電磁相互作用，弱い相互作用，強い相互作用をする（○）かしない（×）かを示す．質量の値は Particle Data Group, Phys.Rev.D86,010001 による．

	記号	名前	電荷	質量 (GeV)	電	弱	強
クォーク	u	アップ	+2/3	$2.3^{+0.7}_{-0.5} \times 10^{-3}$	○	○	○
	d	ダウン	-1/3	$4.8^{+0.7}_{-0.3} \times 10^{-3}$	○	○	○
	c	チャーム	+2/3	1.275 ± 0.025	○	○	○
	s	ストレンジ	-1/3	0.095 ± 0.005	○	○	○
	t	トップ	+2/3	173.5 ± 1.0	○	○	○
	b	ボトム	-1/3	4.18 ± 0.03	○	○	○
レプトン	ν_e	電子ニュートリノ	0	$< 2 \times 10^{-6}$	×	○	×
	e	電子	-1	0.511 MeV	○	○	×
	ν_μ	ミュー・ニュートリノ	0	$< 2 \times 10^{-6}$	×	○	×
	μ	ミューオン	-1	0.106GeV	○	○	×
	ν_τ	タウ・ニュートリノ	0	$< 2 \times 10^{-6}$	×	○	×
	τ	タウ粒子	-1	1.777GeV	○	○	×

3つの基本相互作用

これらの物質粒子の間の相互作用として，「電磁相互作用」，「弱い相互作用」，「強い相互作用」という3つの基本相互作用があり，それぞれに対応して，力を伝える粒子が存在する．表 2.3 に，各相互作用とそれを媒介する粒子をまとめる．

自然の基本相互作用としては，このほかに重力がある．現在のところ，標準モデルの3つ基本相互作用と重力以外の基本相互作用は知られていない．

重力は，ニュートンの万有引力の発見以来，もっとも古くから知られた力である．アインシュタインの一般相対性理論は重力を説明する．重力は惑星の運動や宇宙の進化を支配する重要な力だが，素粒子間にはたらく重力は非常に小

表 2.3 ゲージ粒子，ヒッグス粒子とその主な性質 W, Z 粒子の質量の値は Phys. Rev. D86, 010001(2012) による．ヒッグス粒子の質量は Particle Data Group のウェッブサイト http://pdg.lbl.gov の 2013 update による．

相互作用	記号	名前	電荷	スピン	質量
電磁相互作用	γ	光子	0	1	0
弱い相互作用	W	W 粒子	±1	1	80.39 GeV
	Z	Z 粒子	0	1	91.19 GeV
強い相互作用	g	グルーオン	0	1	0
	H^0	ヒッグス粒子	0	0	125.9 GeV

さく無視できる．

　基本相互作用のうち，重力と電磁気力は古くから知られていた．これはその力の到達範囲が大きかったためである．重力は距離の二乗に反比例して減衰するが，どんなに遠くへいってもゼロにならない．だから何億 km も離れた太陽と惑星間に重力がはたらいて，惑星が太陽の周りを回るのである．電磁気の場合も同様で，光の強度は距離の二乗に反比例する．だから何億光年も離れた銀河からの光を見ることができる．

　これに反して，弱い相互作用と強い相互作用は 20 世紀の半ば以降になって新しく発見された．この二つの力の到達距離は非常に短く，原子核の内部でしかはたらかない．このため原子核の研究が進むまでその存在がわからなかったのである．原子核の研究が進むと，そこに重力や電磁気力以外の力が存在していることがわかり，さらにこの核内ではたらく力には 2 種類あることがわかった．この二つの力の一つは非常に弱いので「弱い相互作用」とよばれ，もう一つは非常に強いので「強い相互作用」とよばれるようになった．

　電磁相互作用は，もっとも良く理解されている相互作用である．これは量子電磁力学 (Quantum Electrodynamics QED) という量子場の理論によって記述される．電磁相互作用は，電磁波の粒子である光子によって媒介される．QED の理論計算と実験データの比較は，しばしば非常な高精度で行われているが，これまでのところ，QED の理論と矛盾する実験事実は一つとして発見されていない．例えば，電子の異常磁気能率 $(g-2)$ の場合，実験は 12 桁の精度の超精密測定が行われ，理論も 12 桁の精度の計算が行われている．両者は理論の計算精度の範囲で一致している．

　弱い相互作用は，ベータ崩壊を起こす重要な力である．この相互作用は W 粒子と Z 粒子という陽子の 100 倍近い質量をもった重い粒子によって媒介される．重い粒子の到達距離は短くなり，その結果，相互作用の見かけの強さが弱くなる．弱い相互作用が弱かった主な理由はここにあり，その本質的な強さは電磁相互作用と同じ程度である．現在では，弱い相互作用と電磁相互作用はワインバークとサラムの理論によって統一されている．このため，電磁相互作用と弱い相互作用を合わせて「電弱相互作用」とよぶこともある．

　強い相互作用は，クォークとグルーオンの間にはたらく力である．この力はクォークとグルーオンにのみはたらき，レプトンは強い相互作用をまったく感

じない.「強い相互作用」を媒介する粒子はグルーオンである.強い相互作用は量子色力学（Quantum Chromodynamics QCD）という量子場の理論によって記述される.QCDについては第4章でより詳しく紹介する.

電磁相互作用,弱い相互作用,強い相互作用は「ゲージ理論」という種類の場の量子論で記述される.ゲージ理論では,ゲージ対称性とよばれる対称性から相互作用の形や相互作用を伝える粒子の性質が決定される.例えば,ゲージ理論においては相互作用を伝える粒子のスピンは1になる.光子,W粒子,Z粒子,グルーオンのスピンは1である.相互作用を伝える粒子のことを「ゲージ粒子」とよぶ.例えば「光子は電磁相互作用のゲージ粒子である」などという言い方をする.

第3章 相対論的運動学と散乱断面積

　QGP内のクォークやグルーオンはほぼ光速で運動している．また，QGPの実験的研究手段である高エネルギー加速器実験では，ほぼ光速で運動する粒子や原子核同士を衝突させ，そこから発生する，ほぼ光速の粒子を測定する．光速または光速に近い速度で運動する粒子や場の運動はアインシュタインの特殊相対性理論（以下，相対論）で記述される．

　QGPは衝突型重イオン加速器RHICで発見された．RHICとはRelativistic Heavy Ion Colliderの略称で，その最初の単語Relativisiticとは「相対論的」という意味である．つまり重い原子核（重イオン Heavy Ion）を相対論が必要になる速度になるまで加速して衝突する加速器だというわけである．

　RHICで起こる原子核衝突反応や，その実験結果を理解するには，相対論的運動学が必要不可欠になるので，この章でまとめておく．今後使う単位系である自然単位系と，ビーム衝突実験での基本的な測定量である散乱断面積についても合わせて説明する．

3.1　自然単位系

　物理量の計測は特定の単位系で行われる．長さの単位，時間の単位，重さの単位などを基本単位として定め，それらを組み合わせてほかの量の単位を構成する．普通使われるのは国際単位系（SI）で，基本単位としてメートル（長さ），秒（時間），キログラム（質量）をとる．

　こうした単位は，人間が定めたものである．一方，自然には非常に基本的な物理定数がある．真空中の光速 c やプランク定数 h などがこれにあたる．これら基本物理定数を基本単位としてほかの単位を構成することができる．このよう

に構成された単位系を自然単位系という．本書では，特に断らない限り，$c=1$，$\hbar=h/2\pi=1$ とする自然単位系を用いる．また，電荷の単位としては素電荷 e を用いる．

基本単位には「長さ」,「時間」,「質量」の3つが必要なので，c と $\hbar$ 以外にもう一つ単位がいる．その単位として，質量またはエネルギーの単位を用いる．次の節でみるように，相対性理論では質量 m，運動量 p，エネルギー E の間には $E^2=p^2c^2+m^2c^4$ の関係がある．$c=1$ の自然単位系では，この関係式は $E^2=p^2+m^2$ になる．つまり，エネルギー，運動量，質量の単位はすべて同じになる．また，量子力学では粒子の運動量 p とその波長 λ には $\lambda=h/p$ の関係がある．したがって，$\hbar=1$ とする自然単位系では，運動量 p に対応する長さは $\hbar/p$ になり，これは運動量 p の粒子の波長の $1/2\pi$ になる．つまり，$c=1$ と $\hbar=1$ とする自然単位系では [長さ] = [時間] = [質量]$^{-1}$ となり，すべてが質量の単位（＝エネルギーの単位）で表せる．

本書では，この質量またはエネルギーの単位として，加速器実験で用いられるエネルギーの単位である MeV や GeV などを用いる．加速器実験では電子や陽子などの荷電粒子を電場によって加速する．このため，加速した荷電粒子のエネルギーとして，その粒子にかけた電位差を使う．MeV はメガ電子ボルトの略で，素電荷 e をもつ粒子を1メガボルト（100 万ボルト）の電位差で加速したときに粒子が獲得するエネルギーである．GeV はギガ電子ボルトの略で，1 ギガボルト = 1000 メガボルト =10 億ボルトの電位差ををかけたときに素電荷 e をもつ荷電粒子が獲得するエネルギーで，1 GeV=1000 MeV になる．GeV の上の単位として TeV があり，1 TeV=1000 GeV．

温度の単位は MeV または GeV になる．統計力学で教えるように，温度 T のときの粒子のエネルギー分布は

$$\frac{d^3n}{dp^3}=\frac{1}{(2\pi)^3}\frac{1}{e^{\frac{E}{k_\mathrm{B}T}}\pm 1}$$

になる．ここで $\pm$ の $+$ はフェルミ統計でスピンが半整数の粒子（フェルミオン）の場合，$-$ はボーズ統計でスピンが整数の粒子（ボゾン）の場合，k_B はボルツマン定数である．$k_\mathrm{B}T$ の次元はエネルギーなので温度の単位はエネルギーになる．

通常の単位に換算するには

- 運動量 1 GeV/c に対応する長さは 0.197 fm（約 0.2 fm）.
- 長さ 1 fm に対応する運動量は 0.197 GeV/c（約 0.2 GeV/c）.
- エネルギー 1 GeV に対応する時間は 6.57×10^{-25} sec.
- 温度 1 MeV は 1.16×10^{10} K.

という関係を使う．例えば，5 GeV/c に対応する長さは約 0.2 fm/5=0.04 fm，0.1 fm に対応する運動量は (0.2 GeV/c)/0.1=2 GeV/c，温度が 100 MeV は (1.16×10^{10} K$\times 100 = 1.16 \times 10^{12}$ K（1.16 兆℃）.

3.2　特殊相対性理論

4 次元時空とローレンツ変換

　相対論では，時間 t と空間座標 (x,y,z) を一組にした 4 次元の時空座標 (ct,x,y,z) を用いる．ここで c は真空中の光速である．

　物理現象を記述するときは，特定の座標系を決めて記述している．例えば，時刻 t にある粒子の位置が (x,y,z) であるとは，座標の原点と座標軸の方向を決め，こうして決まった特定の座標系での粒子の位置が (x,y,z) だという意味である．ある現象の起きた時刻が t であるというのも，まず時間の原点を決め，その時間原点から測った時刻が t だという意味になる．別の座標系をとれば，同じ現象の位置と時刻は違った値，例えば (x',y',z') と t' になる．座標系の取り方を変えることを座標変換とよぶ．

　時空座標 (ct,x,y,z) が，時空の座標変換に対してどのような法則に従って変換するかは，物理法則を表現するうえで非常に重要になる．相対論によれば，時空座標は「ローレンツ変換」とよばれる変換則に従う．

　後に見るように，ローレンツ変換では，時間間隔が伸びたり，空間距離が縮んだりする．これは「時間間隔は変わらない」とか「距離は変わらない」という日常常識に反するので，不思議な気がする．しかし，これは日常常識のほうが間違っている．粒子が光速近くで運動しているときは，実際に時間が伸び，距離が縮む．例えば，高エネルギー加速器実験で発生する，光速に近い速度の粒子を観測する場合，その粒子の寿命が相対性理論に従って長くなるのを目のあ

たりにすることができる．

　日常で経験する速度は光速に対して無視できるほど小さい．例えば，時速100キロは光速の約1000万分の1である．このときのローレンツ変換による時間間隔の変化は100兆分の1程度にすぎない．「時間は変化しない」という日常常識は，速度が光速に比べて無視できるという限られた状況での経験に基づいている．その限られた状況では非常に良い近似だが，速度が光速に近くなると，この近似は成り立たなくなり，日常常識は事実と合わなくなる．速度が光速に近くなる場合は，時空の正しい変換則であるローレンツ変換を用いなければならない．

　ローレンツ変換とは，4次元時空の2点間の「距離」あるいは「世界間隔」を不変に保つ座標変換である．「距離」を保つという意味で，これは3次元の直交座標変換に似ている．ただし，次にみるように，4次元時空の2点間の「距離」は3次元空間の通常の距離を単純に4次元に拡張したものではない．

　3次元空間の2点 (x_1, y_1, z_1) と (x_2, y_2, z_2) 間の距離 d_{12} は

$$d_{12}^2 = (x_2 - x_1)^2 + (y_2 - y_1)^2 + (z_2 - z_1)^2.$$

で表される．これに対して，4次元時空上の2点 (ct_1, x_1, y_1, z_1) と (ct_2, x_2, y_2, z_2) の「距離」または「世界間隔」s_{12} は

$$s_{12}^2 = c^2(t_2 - t_1)^2 - (x_2 - x_1)^2 - (y_2 - y_1)^2 - (z_2 - z_1)^2. \tag{3.1}$$

になる．この式で定義された「距離」を不変に保つ座標変換がローレンツ変換である．世界間隔 s は，静止系での時間になるので，「固有時間」ともよばれる．

　通常の3次元空間の回転は，空間上の2点間の距離を不変に保つ座標変換とみることができる（実際に点が回転しているのではなく，座標軸が回転しているとみると，座標変換になる）．ローレンツ変換も式 (3.1) で定義される世界間隔を不変に保つ「回転」（のようなもの）とみなすことができる．

　すぐわかるように，ローレンツ変換で光速は一定に保たれる．相対論の説明をする場合，普通は「物理法則が一つの慣性座標系から別の慣性座標系への座標変換に対して不変である」という原理（相対性原理）と，「すべての慣性座標系では光速は一定である」という実験的事実（光速一定の原理）から相対論を導

き，ローレンツ変換を導く．しかしここでは，時空座標の正しい変換則がローレンツ変換だという立場で説明した．

時空の座標として $(x^0, x^1, x^2, x^3) = (ct, x, y, z)$ を用いる．このように書くことで c を書く必要がなくなり，また時間を座標の第 0 成分とみることで第1-第3成分である空間成分と数式上同じように扱うことができる．この 4 成分をまとめて書くときは x^μ と書く．μ は 4 次元座標成分を表す添え字で 0 から 3 までをとり，0 成分が時間成分とする．

ローレンツ変換の具体例

具体的なローレンツ変換の形をみてみよう．ある慣性座標系 K での時空点 P の座標を (x^0, x^1, x^2, x^3)，K に対して一定速度 v で x 方向（座標軸 1 の方向）へ等速直線運動をしている系を K' とし，K' での P の座標を (x'^0, x'^1, x'^2, x'^3) とする．このとき，K から K' へのローレンツ変換は

$$\begin{pmatrix} x'^0 \\ x'^1 \\ x'^2 \\ x'^3 \end{pmatrix} = \begin{pmatrix} \gamma & \gamma\beta & 0 & 0 \\ \gamma\beta & \gamma & 0 & 0 \\ 0 & 0 & 1 & 0 \\ 0 & 0 & 0 & 1 \end{pmatrix} \begin{pmatrix} x^0 \\ x^1 \\ x^2 \\ x^3 \end{pmatrix} = \begin{pmatrix} \gamma x^0 + \gamma\beta x^1 \\ \gamma\beta x^0 + \gamma x^1 \\ x^2 \\ x^3 \end{pmatrix}$$

となる．ここで，

$$\beta = v/c, \qquad \gamma = \frac{1}{\sqrt{1-\beta^2}}.$$

変換の結果，K' の進行方向である座標 x^1 と時間座標 x^0 （縦方向の座標）は変化するが，進行方向に直交する座標（横方向の座標）は x^2 と x^3 は変化しない．一般のローレンツ変換は，このような一方向への等速直線運動によるローレンツ変換と，空間回転を組み合わせることで得られる．

4 次元ベクトル

ローレンツ変換によって空間座標 x^μ と同じように変換する 4 成分の量（4 次元ベクトル）を反変ベクトルとよび，添え字 μ を上につけて a^μ のように表す．慣例で，4 次元ベクトルの添え字には μ や ν を使い，これは 0 から 3 までの値

をとる．これに対して 3 次元空間ベクトルの添え字には i,j などを使い，これは 1 から 3 までの値をとる．

反変ベクトル a^μ に対して，4 成分 a_μ が $a_0 = a^0, a_1 = -a^1, a_2 = -a^2, a_3 = -a^3$ となるベクトルがあり，これは共変ベクトルとよばれる．共変ベクトルは a_μ のように添え字を下につける．

共変ベクトルと反変ベクトルという 2 種類のベクトルがあるのは，ローレンツ変換の場合，座標の変換とその座標系を定める基底ベクトルの変換の仕方が異なるためである．ある時空点の時空座標が x^μ であるとは，その時空点ベクトル $\boldsymbol{x}$ が，座標系の基底ベクトル $\boldsymbol{e}_\mu$ を使って $\boldsymbol{x} = \sum_\mu \boldsymbol{e}_\mu x^\mu$ と書けるという意味である．ローレンツ変換で基底ベクトルを変換すると，基底ベクトル $\boldsymbol{e}_\mu$ の変換を打ち消すように座標 x^μ が変わり，時空点ベクトル $\boldsymbol{x}$ そのものは不変になる．つまり座標 x^μ は基底ベクトルと反対に変換するので，「反変ベクトル」という名前がついている．これに対して，共変ベクトルは基底ベクトルと同じように変換する．3 次元の直交座標系の場合は，座標系の基底ベクトルと座標は同じように変換するので，この両者を区別する必要はない．

スカラー積

二つの 4 次元ベクトル $\boldsymbol{a} = a^\mu = (a^0, a^1, a^2, a^3)$ と $\boldsymbol{b} = b^\mu = (b^0, b^1, b^2, b^3)$ の間のスカラー積を

$$\boldsymbol{a} \cdot \boldsymbol{b} \equiv a^0 b^0 - a^1 b^1 - a^2 b^2 - a^3 b^3 = a^0 b_0 + a^1 b_1 + a^2 b_2 + a^3 b_3$$

で定義する．これは 3 次元ベクトルの内積に相当する量である．二つの 4 次元ベクトルのスカラー積は，ローレンツ変換によって変わらない．これは二つの 3 次元空間ベクトルの内積が座標系の回転によって変わらないのと同じである．変換によって変わらない量を不変量またはスカラーとよぶ．スカラー積という名前は，変換によって変わらないことを明示している．

同じ添え字が上下に 2 度出てきたときは，それについて常に和をとると約束をすると，4 次元ベクトルのスカラー積を $a_\mu b^\mu$ または $a^\mu b_\mu$ と書くことができる．同様に，ローレンツ変換は

$$x'^\mu = L^\mu_{\ \nu} x^\nu$$

と書ける．ここで $L^\mu{}_\nu$ がローレンツ変換の行列である．この記法は便利なので，今後使うことにする．上下の添え字について和をとることを「縮約」とよぶ．

4次元テンソル

4次元ベクトルには時空座標の添え字 μ が一つついている．こうした添え字のついた量をテンソルとよび，添え字が n 個ついた量を n 階のテンソルとよぶ．ベクトルは1階のテンソルになるが，普通テンソルとよぶのは2階以上のテンソルである．2階のテンソル $T^{\mu\nu}$ はローレンツ変換 $L^\mu{}_\nu$ によって

$$T'^{\mu\nu} = L^\mu{}_\sigma L^\nu{}_\tau T^{\sigma\tau}$$

と変換する．

ベクトルやテンソルの添え字 μ,ν は次の計量テンソル $g_{\mu\nu}$, $g_{\mu\nu}$ によって上げ下げできる．

$$g_{\mu\nu} = g^{\mu\nu} = \begin{pmatrix} 1 & 0 & 0 & 0 \\ 0 & -1 & 0 & 0 \\ 0 & 0 & -1 & 0 \\ 0 & 0 & 0 & -1 \end{pmatrix}$$

例えば $x_\mu = g_{\mu\nu} x^\nu$．

4次元テンソルの例としては電磁場テンソルがある．電場 $\boldsymbol{E}$ と磁場 $\boldsymbol{B}$ は3次元ではベクトルだが，それを相対論的に扱うと2階の4次元テンソルになる．

電場のポテンシャル ϕ と磁場のベクトルポテンシャル $\boldsymbol{A} = (A_1, A_2, A_3)$ を組にしたものは4次元ベクトルとなり，これを4次元ベクトルポテンシャルとよび，A^μ（反変ベクトル）または A_μ（共変ベクトル）で表す．

$$A^\mu = (\phi, A_1, A_2, A_3), \qquad A_\mu = (\phi, -A_1, -A_2, -A_3).$$

電磁場テンソル $F_{\mu\nu}$ は A_μ によって以下のように表される．

$$F_{\mu\nu} = \partial_\mu A_\nu - \partial_\nu A_\mu = \begin{pmatrix} 0 & E_x & E_y & E_z \\ -E_x & 0 & -B_z & B_y \\ -E_y & B_z & 0 & -B_x \\ -E_z & -B_y & B_x & 0 \end{pmatrix}.$$

3.3 相対論的運動学

この節では，相対論の応用として，相対論的運動学を説明する．相対論的運動学は加速器実験では不可欠のもので，光速に近い速度の粒子の運動量やエネルギーは，相対論的運動学によらなければ正しく記述することはできない．この節で説明する横運動量，不変質量，Mandlestam 変数，ラピディティーなどは，量子色力学 QCD や RHIC での重イオン衝突実験の説明の際に用いられる．

4 元運動量

粒子のエネルギー E と運動量 $\bm{p}=(p_x,p_y,p_z)$ を組にしたベクトル，$(E,\bm{p})=(E,p_x,p_y,p_z)=(p^0,p^1,p^2,p^3)=p^\mu$ は 4 次元ベクトルになり，これを「エネルギー・運動量ベクトル」または「4 元運動量」とよぶ．

p^μ が 4 次元ベクトルなので，$m=\sqrt{p_\mu p^\mu}=\sqrt{E^2-\bm{p}^2}$ は不変量になる．これは $|\bm{p}|=0$ となる慣性座標系では E に等しい．つまり m は静止している粒子のもつエネルギーである．これを粒子の「静止質量」または質量とよぶ．質量 m は粒子の種類に固有の量である．

質量 m の粒子が運動量 $\bm{p}$ をもつとき，$E=\sqrt{\bm{p}^2+m^2}$ となる．$|\bm{p}|/m$ が小さいとき，E を $|\bm{p}|/m$ のべきで展開すると

$$E=\sqrt{\bm{p}^2+m^2}=m\sqrt{1+\frac{\bm{p}^2}{m^2}}=m+\frac{1}{2}\frac{\bm{p}^2}{m}+\cdots$$

となる．後に見るように，$|\bm{p}|/m$ が小さい場合は粒子の速度が小さい場合で，非相対論的な力学が良い近似で成り立つ．E の増加分 $\bm{p}^2/2m$ は非相対論力学において運動量 $\bm{p}$ で質量 m の粒子がもつ運動エネルギーと一致する．これから質量 m は非相対論的力学での粒子の質量であることがわかる．

上のエネルギーと運動量の関係式で，特に $\bm{p}=0$ のときは $E=m$ となる．ここでは $c=1$ の自然単位系を使っているが，光速 c をあからさまに書くと $E=mc^2$ となり，有名なアインシュタインの公式になる．

粒子のエネルギー・運動量のローレンツ変換

エネルギーが E，3 次元運動量が $\bm{p}$ の粒子を速度 β で動いている別の慣性系

でみたときのエネルギーと運動量を E', $\boldsymbol{p}'$ とする．両者の関係は，ローレンツ変換によって得られる．

$$\begin{pmatrix} E' \\ p'_L \\ p'_T \end{pmatrix} = \begin{pmatrix} \gamma & \gamma\beta & 0 \\ \gamma\beta & \gamma & 0 \\ 0 & 0 & 1 \end{pmatrix} \begin{pmatrix} E \\ p_L \\ p_T \end{pmatrix} = \begin{pmatrix} \gamma E + \gamma\beta p_L \\ \gamma\beta E + \gamma p_L \\ p_T \end{pmatrix}$$

ここで，p_L は粒子の 3 次元運動量の系の運動方向に平行な成分（縦成分）であり，p_T は直交している成分（横成分）である．運動量の横成分 p_T のことを「横運動量」とよぶ．横運動量はローレンツ変換によって変化しない．

横運動量

横運動量 p_T はローレンツ変換で変化しないので，実験上非常に重要な量になる．加速器でビーム衝突実験を行う場合，ビーム軸を z 軸にとる．ビームは光速に非常に近い速度で動いているから，起こっている反応を考えるとき，ビーム方向のローレンツ変換を考える必要がある．二つのビーム粒子が衝突するとき，片方のビームの静止系でみるのか，別のビーム粒子の静止系でみるのか，衝突の重心系でみるのか，などで反応の見え方が変わってくるからである．物理はどの静止系でみるかに依存しないので，現象を記述するときは，ビーム軸方向へのローレンツ変換に対して変わらないようにしなければならない．反応で生じた粒子の運動量はローレンツ変換で変化するが，その横成分 p_T は変化しない．だから，発生粒子の運動量分布の実験結果を示す場合は，その横運動量分布を示す．

粒子の速度とエネルギー・運動量の関係

変換前の慣性系が粒子の静止系であったとする．このとき，上式の右辺では $E = m$, $p_L = 0$, $p_T = 0$ となる．左辺で表される変換後の系では，この粒子は速度 β で等速直線運動をしている．これを使うと，質量 m の粒子が速度 β で運動しているときの E, $|\boldsymbol{p}|$ と β, γ との関係が得られる．変換後に E, p_L を用い，$p_L = |\boldsymbol{p}|$ であることに注意すると，

$$\begin{pmatrix} E \\ |\boldsymbol{p}| \end{pmatrix} = \begin{pmatrix} \gamma & \gamma\beta \\ \gamma\beta & \gamma \end{pmatrix} \begin{pmatrix} m \\ 0 \end{pmatrix} = \begin{pmatrix} \gamma m \\ \gamma\beta m \end{pmatrix}$$

これから，$\gamma = E/m$，$\beta = |\boldsymbol{p}|/E = \sqrt{1 - 1/\gamma^2} \approx 1 - \frac{1}{2}\frac{1}{\gamma^2}$．

粒子の速度が光速に近いときは，速度 β は 1 に近づき，1.0 を決して超えることはできない．一方，γ のほうは，上の式にみるように，粒子のエネルギーに比例して大きくなる．このため，高エネルギー加速器で実験をしていると，粒子の速度は β ではなく γ で考えることが多い．例えば，RHIC の金ビームの速度を計算するには次のようにする．核子あたりのビーム・エネルギーは 100 GeV で，核子の質量は約 0.94 GeV なので，ビームの γ は $\gamma = E/m \approx 107$ になる．これから，$\beta \approx 1 - 1/2 \times (1/107)^2 \approx 0.99996$．

質量がゼロの粒子の速度

「粒子速度 β は 1 を決して超えることはできない」と書いたが，これは粒子の質量 m がゼロでない場合である．相対論では $m = 0$ の粒子は特別になる．このとき，

$$E = \sqrt{\boldsymbol{p}^2 + m^2} = |\boldsymbol{p}|, \qquad \beta = |\boldsymbol{p}|/E = 1$$

つまり，質量ゼロの粒子のエネルギー E と運動量の絶対値 $|\boldsymbol{p}|$ は等しく，その速度 β は常に 1 になる．速度 β で動く系にローレンツ変換してみると，

$$\begin{pmatrix} E' \\ |\boldsymbol{p}|' \end{pmatrix} = \begin{pmatrix} \gamma & \gamma\beta \\ \gamma\beta & \gamma \end{pmatrix} \begin{pmatrix} E \\ E \end{pmatrix} = \begin{pmatrix} \gamma(1+\beta)E \\ \gamma(1+\beta)E \end{pmatrix}.$$

これから，$\beta' = |\boldsymbol{p}|'/E' = 1$ となり，速度は光速のまま変わらない．質量ゼロの粒子は，どの慣性系でみても，常に光速で運動し，決して静止しない．

光の粒子である光子の質量はゼロである．光子の速度は常に光速であり，どの慣性系にローレンツ変換しても，光子の速度は光速 c のままで変わらない．光子が静止することはなく，光子の静止系も存在しない．

粒子の崩壊長と時間の伸び

高エネルギーの衝突実験で発生する粒子のほとんどは短寿命で崩壊する．崩壊するまでの間に粒子が飛行する距離を測ることで，その寿命を測定することができる．その際，ローレンツ変換による時間の伸びの効果が現れる．

崩壊は量子力学的な過程なので，個々の粒子については，それがいつ崩壊するかは決まらない．しかし粒子の静止系で単位時間あたりに崩壊する確率は一定であり，粒子の種類ごとに決まっている．単位時間あたりに崩壊する粒子の割合を $1/\tau$ とすると，

$$\frac{dn}{dt} = -\frac{1}{\tau}n, \qquad \therefore n(t) = n(0)\exp(-t/\tau)$$

となり，粒子数は指数関数 $\exp(-t/\tau)$ で減少する．ここで τ を粒子の「寿命」とよぶ．粒子が崩壊するまでの平均時間が τ になるからである．

粒子の静止系で，その粒子が崩壊した時間と位置を (t_0, x_0) とする．座標の原点を適当にとれば $x_0 = 0$．実験室系での粒子の速度と γ ファクターをそれぞれ β, γ とすると，実験室系でみた粒子の崩壊点の時刻と位置 (t, x) は，

$$\begin{pmatrix} t \\ x \end{pmatrix} = \begin{pmatrix} \gamma & \gamma\beta \\ \gamma\beta & \gamma \end{pmatrix} \begin{pmatrix} t_0 \\ 0 \end{pmatrix} = \begin{pmatrix} \gamma t_0 \\ \gamma\beta t_0 \end{pmatrix}.$$

これから，実験室系でみた粒子の寿命は $\gamma = E/m$ 倍になり，その間に粒子は $\gamma\beta t_0 = (|\boldsymbol{p}|/m)t_0$ を飛行することがわかる．

具体例を挙げる．K_s^0 というメソンの寿命は $\tau = 8.95\times 10^{-11}$ 秒．もしローレンツ変換によって時間が伸びなければ，崩壊するまでの平均飛行距離は $c\tau = 2.68$ cm より短くなるはずである．しかし，時間の伸び γ のおかげで，高運動量の K_s^0 は，もっと長距離を飛行する．例えば，運動量が 10 GeV/c の K_s^0 が崩壊するまでの平均飛行距離は，$M_K = 0.497$ GeV/c なので，$(p/M_K)c\tau = (10/0.497)\times 2.68 \approx 53$ cm になる．加速器実験をしていると，ローレンツ変換による寿命の延びは日常的に観測される．

ローレンツ収縮

光速に近い速度で動いている物体の見かけの長さは，その静止系での長さより短くなる．これをローレンツ収縮とよぶ．物体の静止系での長さを z とし，それが速度 β で動いている系でみたときの長さを z' とする．観測系での時空座標は $(t', z') = (0, z')$ なので，物体の静止系にローレンツ変換すると

$$\begin{pmatrix} t \\ z \end{pmatrix} = \begin{pmatrix} \gamma & \gamma\beta \\ \gamma\beta & \gamma \end{pmatrix} \begin{pmatrix} 0 \\ z' \end{pmatrix} = \begin{pmatrix} \gamma\beta z' \\ \gamma z' \end{pmatrix}.$$

これから，$z' = z/\gamma = z\sqrt{1-\beta^2}$．

衝突粒子の重心系エネルギー

2粒子の衝突の重心系での全エネルギー $E_{\rm CM}$ を求めよう．4元運動量が $p_1 = (E_1, \bm{p}_1)$ の粒子1と $p_2 = (E_2, \bm{p}_2)$ の粒子2の散乱を考える．粒子の質量はそれぞれ m_1, m_2 とする．この2粒子を合わせた全体の4元運動量 $p = (E, \bm{p})$ は，それぞれの粒子の4元運動量 p_1, p_2 の和になる．

$$p = p_1 + p_2 = (E_1 + E_2, \bm{p}_1 + \bm{p}_2).$$

この2粒子からなる系全体を1個の「粒子」とみなすと，それはエネルギーが $E_1 + E_2$，運動量が $\bm{p}_1 + \bm{p}_2$ の「粒子」になる．この「粒子」の質量 M を考えてみよう．ある粒子の質量というのは，粒子がその静止系でもつエネルギーなのであった．したがって，もとの2粒子に戻って考えれば，M とは粒子1+粒子2の静止系（＝重心系）でのエネルギーである．これから，重心系エネルギー $E_{\rm CM}(\equiv M)$ が以下のように求まる．

$$\begin{aligned} E_{\rm CM} &= \sqrt{(E_1+E_2)^2 - (\bm{p}_1+\bm{p}_1)^2} \\ &= \sqrt{m_1^2 + m_2^2 + 2E_1 E_2(1 - \beta_1 \beta_2 \cos\theta)}. \end{aligned}$$

例として，エネルギー E の陽子が静止している陽子と衝突する場合の重心系エネルギーを考えよう．$m_1 = m_2 = M_p$, $\beta_2 = 0$ なので，これを上の式に代入して $E_{\rm CM} = \sqrt{2M_p(M_p+E)}$ と求まる．$E \gg M_p$ の場合は $E_{\rm CM} \approx \sqrt{2M_p E}$ となる．これは非常に高エネルギーの粒子を固定標的に衝突させても，重心系のエネルギーは粒子エネルギーの平方根に比例してゆっくりとしか増加しないことを示している．

不変質量

前節では，衝突する2粒子の重心系のエネルギー（＝質量）を考えたが，より一般的に，n 個の粒子の組について，その組全体を「1個の粒子」とみなして，その「質量」を考えることができる．これを「不変質量」とよぶ．粒子の4元運動量を $p_1, p_2, \cdots p_n$ とすると，その不変質量 M は $M = \sqrt{(p_1 + p_2 + \cdots + p_n)^2}$

になる．2粒子の場合は，$M = \sqrt{(p_1 + p_2)^2}$ で，上の 2 衝突粒子の重心系エネルギーと同じである．不変質量はローレンツ変換によって変化しない．

不変質量は，加速器実験では非常に重要な量である．それは，粒子の組の不変質量から，その「親」の粒子がわかるからである．先に述べたように，ほとんどの粒子は短時間で別の粒子に崩壊する．多くの粒子の寿命は余りにも短いので，直接は観測できず，その崩壊で生まれた「子」の粒子だけが観測できる．この「子」粒子の組の不変質量を計算すると，「親」粒子の質量になる．これにより，親の粒子を決定できる．

具体例として，π^0 の測定を挙げよう．π^0 は，ほとんど瞬時に 2 光子に崩壊するので，実験で観測できるのは，崩壊の結果生まれた 2 光子だけである．しかし，不変質量を使うと，崩壊生成物の 2 光子から，親の π^0 を「再構成」することができる．具体的には，ビーム同士の衝突で生じた光子のエネルギーと放出方向を，「電磁カロリメータ」という装置で測定する．反応から多数の光子が発生する．そのすべてについて，2 光子の組を作る．n 個の光子が観測されれば，$n(n-1)/2$ 個の組合せができるが，このすべての組合せについて，2 光子の不変質量を計算する．光子 1 のエネルギーが E_1，光子 2 のエネルギーが E_2，両者のなす角度が θ とすると，2 光子の不変質量 M は

$$M = \sqrt{2E_1 E_2 (1 - \cos\theta)}$$

となる．ここで，光子の質量は 0 であることを使っている．$n(n-1)/2$ 組ある 2 光子の組合せのなかで，π^0 崩壊から生じた 2 光子の質量は π^0 の質量である 135 MeV になる．ほかの組合せは，ランダムな値になる．このため，135 MeV の質量をもった組合せは π^0 崩壊からのものであるとわかる．この，質量が 135 MeV になった 2 光子の組について，2 光子の運動量ベクトルの和を計算すると，それが親の π^0 の運動量になる．

同様に，J/ψ という重要な粒子も，不変質量を使って測定する．この粒子は，$J/\psi \to e^+ e^-$ と電子と陽電子のペア（電子対）に崩壊したり，$J/\psi \to \mu^+ \mu^-$ とミューオンと反ミューオンのペア（ミューオン対）に崩壊したりする．実験では，電子 e^- と陽電子 e^- を測定し，それから電子対を組み，電子対の不変質量を計算する．あるいは，ミューオンと反ミューオンを測定して，ミューオン対の不変質量を計算する．電子対やミューオン対の不変質量分布上に，鋭いピー

クが J/ψ の質量である 3.1 GeV に現れるので,このピーク部分を取り出すことで J/ψ を測定することができる (175 ページ図 8.5 参照).

以上は 2 体崩壊をする粒子を不変質量を使って測定する例だが,3 体以上に崩壊する粒子についても同様に測定できる.

2 体散乱の運動学変数(Mandelstam 変数)

図 3.1 のような 2 体散乱反応を考える.これは最初に 2 個の粒子があり,それが衝突した結果,2 個の粒子になる反応である.反応前の 2 粒子のもつ 4 元運動量をそれぞれ p_1, p_2,反応後の 2 粒子のもつ 4 元運動量をそれぞれ p_3, p_4 とする.以上の 4 つの 4 元運動量からローレンツ不変な運動学変数を以下のように定義する.

$$s = (p_1 + p_2)^2 = (p_3 + p_4)^2 = m_1^2 + 2E_1E_2 - 2\boldsymbol{p}_1 \cdot \boldsymbol{p}_2 + m_2^2,$$
$$t = (p_1 - p_3)^2 = (p_2 - p_4)^2 = m_1^2 - 2E_1E_3 + 2\boldsymbol{p}_1 \cdot \boldsymbol{p}_3 + m_3^3,$$
$$u = (p_1 - p_4)^2 = (p_2 - p_3)^2 = m_1^2 - 2E_1E_4 + 2\boldsymbol{p}_1 \cdot \boldsymbol{p}_4 + m_4^3.$$

これらの 3 変数 s, t, u は Mandelstam 変数とよばれる.s, t, u は独立ではなく,以下の関係を満たす.

$$s + t + u = m_1^2 + m_2^2 + m_3^2 + m_4^2.$$

高エネルギーの衝突反応で,粒子の質量が無視できるときは $s + t + u \approx 0$ となる.s は重心系エネルギーの二乗なので,$\sqrt{s}$ は粒子 1 と 2 の衝突の全エネ

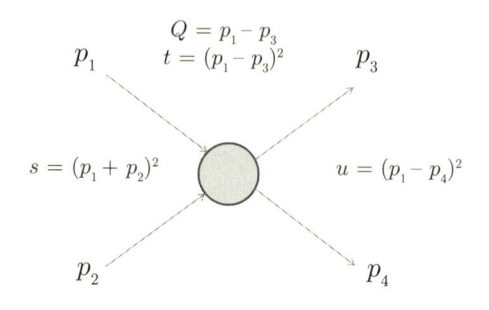

図 **3.1** 2 体散乱の相対論的運動学変数.

ルギーである．t を散乱における 4 元運動量移行 $q = p_1 - p_3$ を使って表すと，$t = q^2$ となる．

衝突エネルギー $\sqrt{s}$ が大きく，それに比べてすべての粒子の質量が無視できるほど小さい場合，すなわち $m_i \ll \sqrt{s}$ の場合は，すべての粒子の重心系でのエネルギーと運動量はほとんど同じになり，$\sqrt{s}/2$ で近似できる．このとき

$$t \approx -s\sin^2(\theta_{\mathrm{CM}}/2), \qquad u \approx -s\cos^2(\theta_{\mathrm{CM}}/2).$$

$t \ll s$ のときは θ_{CM} が小さくなり，$\sin(\theta_{\mathrm{CM}}/2) \approx \theta_{\mathrm{CM}}/2$ となるから

$$\theta_{\mathrm{CM}} \approx 2\sqrt{-t}/\sqrt{s}$$

となり，重心系での散乱角 θ_{CM} が $\sqrt{-t}$ に比例することがわかる．

ラピディティー

高エネルギーの加速器実験で，反応で発生した粒子の運動を記述するうえで便利な変数としてラピディティー y があり，以下のように定義される．

$$y \equiv \frac{1}{2}\ln\left(\frac{E + p_z}{E - p_z}\right) = \ln\left(\frac{E + p_z}{m_T}\right) = \tanh^{-1}\left(\frac{p_z}{E}\right)$$

ここで，z 軸はビーム軸の方向にとっている．

y が小さいとき，$y \approx p_z/E$ となり，これは z 軸方向の粒子速度 $\beta_z = v_z/c$ に等しい．また，z 軸に沿ってラピディティー $\Delta y = \tanh^{-1}(\beta)$ で動いている系にローレンツ変換すると $y \to y - \Delta y$ となる．これは非相対論的な場合の変換則 $v_z \to v_z - \Delta v$ に対応する．つまり，ラピディティーは z 軸方向の速度に対応するもので，しかもその変換が単純な加減算になる．粒子のラピディティー分布 dN/dy は z 軸に沿ったローレンツ変換によってその形は変わらない．分布の原点が Δy ずれるだけである．

粒子のエネルギー E，運動量 $\boldsymbol{p}=(p_x, p_y, p_z)$ とラピディティー y には以下の関係がある．

$$E = m_T \cosh y, \qquad p_z = m_T \sinh y$$

ここで $m_T \equiv \sqrt{m^2 + p_x^2 + p_y^2}$ は横質量とよばれ，これも z 軸に沿ったローレン

ツ変換に対して不変な量である．

擬ラピディティー

ラピディティーに近い運動学変数として，擬ラピディティー η という量があり，以下のように定義される．

$$\eta \equiv \tanh^{-1}(p_z/p) = \tanh^{-1}(\cos\theta)$$

ここで θ はビーム軸から測った粒子の放出角である．ラピディティー y は $y = \tanh^{-1}(p_z/E)$ なので，粒子の運動量 p がその質量 m に比べてはるかに大きい場合は $E = \sqrt{p^2 + m^2} \approx p$ となるから，

$$y = \tanh^{-1}(p_z/E) \approx \tanh^{-1}(p_z/p) = \eta.$$

擬ラピディティー η とラピディティー y はほとんど同じ値になる．

　高エネルギーの原子核衝突反応やハドロン衝突反応で放出角 θ の小さい領域に発生する粒子のほとんどは非常に高い運動量をもち，$E \gg m$ の条件を満たすので，$\eta \approx y$ となる．η は放出角 θ だけの関数なので，角度 θ の測定から粒子のラピディティーが近似的にわかる．

3.4　散乱実験と散乱断面積

散乱実験

　物質の構造や粒子間の相互作用を調べるための有力な方法は散乱実験である．電子，陽子などの粒子ビームを陽子や原子核などの「標的」に衝突させ，標的から散乱した粒子を測定する．例えば，電子を陽子標的に衝突させ，散乱した電子を測定する．散乱した粒子が，標的にあてた入射粒子と同じであるとは限らない．例えば，π^- ビームを陽子標的に衝突させ，$\pi^- + p \to \pi^0 + n$ という反応が起こり，反応の結果生じた π^0 を散乱粒子として測定する．粒子ビームのエネルギーが大きければ，多数の散乱粒子が生じる場合もある．散乱粒子の種類や運動量分布を入射粒子の種類やエネルギーによってどのように変化するかを測定することにより，標的粒子の構造や，入射粒子と標的粒子の相互作用の形

を決定できるのである．

現代的な散乱実験は20世紀の初頭の「ラザフォード散乱実験」により始まった．この実験では，アルファ線のビームを金箔にあて，金箔から散乱されてきたアルファ線の散乱角とその頻度を測定した．その結果，アルファ線の大部分は金箔を通過するが，その一部は大角度で散乱されることが発見された．このような大角度散乱は，原子の中心に非常に小さな核があり，そこに原子の正電荷が集中していない限り起こりえない．この実験結果により，原子核が存在することが発見され，原子核の周りを電子が回っているという原子の構造が明らかにされた．さらに，アルファ線の散乱角度分布は，正電荷をもった点状の原子核とアルファ粒子（陽子2個と中性子2個からなる原子核）のクーロン力による散乱として定量的に説明することができた．散乱実験の結果，原子の「構造」と，散乱を引き起こす粒子間の「相互作用」の両方が解明されたことになる．

ラザフォード散乱実験以来一世紀以上にわたり，散乱実験は物質の構造と粒子間の相互作用を調べるもっとも有効な方法であり続けている．現代では，巨大な粒子加速器を使って粒子同士や原子核同士を衝突させる散乱実験によって粒子の構造や素粒子間の相互作用が研究されている．陽子がクォークやグルーオンからできているということも，電子と核子の散乱実験の結果わかったことであり，素粒子間にはたらく「電磁相互作用」，「弱い相互作用」，「強い相互作用」の性質も散乱実験によって解明されてきた．

散乱断面積

散乱実験の基本的な測定量は，「散乱断面積」である．これは散乱が起こる確率を表す量だが，「面積」の次元をもち，古典的には散乱を引き起こす物体（散乱標的）の断面積に相当するので，散乱断面積とよばれる．

図3.2のように，z軸方向へ速度vで進む粒子ビームがあり，これが標的により散乱されたとする．入射ビームのフラックスFは，ビーム方向に垂直な単位面積を単位時間に通過するビーム粒子の数である．散乱によって生じた粒子が，散乱角(θ,ϕ)の方向の微小な立体角$\Delta\Omega$に毎秒ΔN個の割合で通過したとする．このとき，散乱微分断面積$\sigma(\theta,\phi)$を以下の式で定義する．

$$\frac{d\sigma(\theta,\phi)}{d\Omega} \equiv \frac{\Delta N}{F\Delta\Omega}.$$

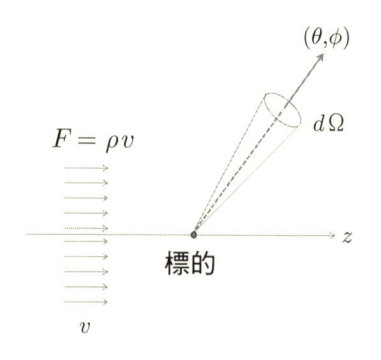

図 3.2 散乱実験.

この式の右辺で，ΔN の次元は単位時間あたりの散乱粒子数なので $[\mathrm{T}^{-1}]$，F の次元は単位時間・単位面積あたりの粒子数なので $[\mathrm{T}^{-1}\mathrm{L}^{-2}]$，$\Delta\Omega$ の次元は立体角なので無次元である．これから，微分散乱断面積の次元は $[\mathrm{L}^2]$，つまり面積の次元になる．

微分散乱断面積を全立体角で積分した量 σ を全散乱断面積とよぶ．

$$\sigma = \int \frac{d\sigma(\theta,\phi)}{d\Omega} d\Omega.$$

これも面積の次元をもつ量で，単位時間・単位面積あたりに 1 個の入射粒子があったとき，その粒子が単位時間あたりに散乱する頻度を表す．

　古典力学的には，入射粒子の大きさをゼロとした場合，全断面積は散乱標的の断面積と解釈することができる．1 秒間に 1 m² あたり 1 個の入射粒子があり，その位置が完全に一様に分布しているとする．もし散乱標的の断面積が σ' であれば，1 個の入射粒子がこの標的にあたる確率は σ' であり，散乱が起こる頻度は毎秒 σ' 個になる．これは上で定義した全断面積 σ にほかならない．つまり $\sigma = \sigma'$ となり，散乱断面積は散乱体のもつ幾何学的な断面積と解釈できる．

　高エネルギーのハドロン衝突反応や，原子核衝突反応では，衝突全断面積を幾何学的な断面積とみなすことが可能である．例えば，陽子＋陽子散乱の全断面積 $\sigma_{pp}^{\mathrm{total}}$ は，高エネルギーではほとんどエネルギーによらず約 50 mb になる．ここで mb（ミリバーン）は面積の単位で，1 b（バーン）$= 10^{-24}$ cm² の 1/1000 で 1 mb $= 10^{-27}$ cm². $\sigma_{pp}^{\mathrm{total}} = \pi r^2$ とおいて，この断面積に対応する半径 r を求めると $r = 1.3 \times 10^{-13}$ cm $= 1.3$ fm となる．これは陽子の荷電半径

（0.8 fm）のほぼ倍になっている．陽子の中心間の距離が，その半径の 2 倍程度以下になると散乱が起こると解釈できる．高エネルギーでの金＋金の全衝突断面積は 6.9 b だが，この断面積に対応する円の半径は約 15 fm で，金原子核の荷電半径約 7 fm のほぼ 2 倍である．つまり，金原子核同士が幾何学的に重なり合うと衝突が起こるとみることができる．

ローレンツ不変断面積

　z 軸方向へのローレンツ変換に対して，x 座標や y 座標は変化しない．したがって，全散乱断面積 σ はビーム軸の方向である z 軸方向のローレンツ変換に対して不変な量になる．しかし，立体角 $d\Omega$ はこの変換によって変化するため，微分散乱断面積 $d\sigma/d\Omega$ はローレンツ変換に依存する．これでは異なる慣性系で測定した結果を比較するうえで不便なので，以下のように定義される「ローレンツ不変断面積」で微分散乱断面積を表す．

$$E\frac{d^3\sigma}{dp^3} = E\frac{d^3\sigma}{dp_x dp_y dp_z} = \frac{1}{2\pi p_t}\frac{d^2\sigma}{dp_t dy}$$

ここで最右辺に現れる p_t と y はそれぞれ散乱粒子の横運動量とラピディティーである．p_t も y も z 方向のローレンツ変換に対する不変量なので，ローレンツ不変断面積も不変量であることがわかる．

　後にみるように，レプトンやクォークやグルーオンなどの素粒子間の散乱反応は摂動理論によって計算できる．摂動論では，理論の出発点となる「ラグランジアン」から「ファインマン規則」という計算上のルールが導かれ，その規則に従って様々な素粒子反応が起こる散乱断面積が計算できる．計算した散乱断面積と実験データを比べることにより，理論が正しいか否かが検証される．ファインマン規則で素粒子間の相互作用を表す「頂点」部分は「ラグランジアン」の相互作用項に直接対応しているので，散乱断面積の測定によって理論のおおもとである「ラグランジアン」を直接的に検証することができるのである．また，散乱実験の結果から陽子やハドロンの構造も決定できる．散乱実験と散乱断面積の測定は，素粒子や原子核の研究でもっとも基本的な方法である．

第4章 クォークとグルーオン間の力学
— 量子色力学QCD入門 —

強い相互作用の基礎理論は量子色力学（Quantum chromodynamics QCD）とよばれる．QCDは非常に高度な理論で，それをきちんと記述するには膨大なページ数を必要とする．それは本書の範囲を超えるし，実験が専門である筆者の能力を超える．一方，QGPを理解するうえでは，クォークとグルーオン間の相互作用の基礎理論であるQCDをある程度理解していなければならない．この章では，今後の章を理解するうえで必要なQCDの基礎的な知識を紹介する．ここに書かれたことだけでは多くの疑問が生ずると思うが，そのときは，「それはそういうものだ」として読み進めていただきたい．

QCDはゲージ理論という種類の理論である．電磁相互作用の基礎理論であるQEDは，もっとも単純なゲージ理論なので，まず最初にQEDとゲージ対称性を簡単に紹介し，次に，QCD理論を紹介する．QCDは，厳密には解くことができないので，何らかの近似法を使って近似解を計算する．有力な近似法としては，摂動QCD理論と格子QCD理論がある．ファインマン図による摂動計算法を紹介した後，QCDの大きな特徴である「漸近自由性」を説明する．最後に，格子QCD理論を紹介する．

4.1 場の理論の考え方

第2章で述べた見方は素粒子を粒子としてみる見方である．「陽子がクォークとグルーオンでできている」というのは，「クォークやグルーオンという粒が陽子のなかにある」というイメージになる．しかし，現代物理学の考え方では，電子，クォーク，グルーオンなどの素粒子は粒子であると同時に，電子場，クォーク場，グルーオン場という場でもある．電磁場のような場には，それに

対応して粒子がある．電磁波を粒子としてみると光子になる．

素粒子とその相互作用を記述する基礎理論を「場の量子論」または単に「場の理論」という．この理論では素粒子は「量子場」として扱われる．量子場とは何かを説明するのは難しく，実験が専門である筆者自身十分に理解していると言い難い．さしあたっては，場という空間的な広がりと，粒子という性質の両面を同時に表すための理論的枠組みだと理解してほしい．

場の理論では，何もない空間というものは存在しない．電子場，光子場，クォーク場という量子場が空間を満たしている．そしてこれらの素粒子の場の間に相互作用がはたらき，様々な反応が起こる．例えば電子と光子が散乱したり，電子と陽電子が消滅して光子になり，その光子がクォークと反クォークに分かれるなどの反応をする．場の理論によって，これらの反応が起こる頻度や素粒子の様々な性質を計算することができる．

4.2　ラグランジアン：相互作用を表現する関数

ラグランジアン形式

QEDやQCDといった，相対論的な場の理論を表現する際にもっとも良く用いられる理論形式は「ラグランジアン形式」である．この形式では，場の運動や相互作用を特徴づける「ラグランジアン」とよばれる関数がある．ラグランジアンが与えられれば，それによって場の運動や相互作用がすべて決定され，理論の内容はすべてラグランジアンによって表される．

このように書くと，読者のなかには，「『ラグランジアン』とは何なのだろう」という疑問をもつ方もいるだろう．ラグランジアン形式は，「解析力学」という，力学の上級コースに出てくるものなので，「解析力学」を学ばない限り聞いたことが無いと思う．そういう疑問を持たれた方は，「ともかく，理論の出発点として，ラグランジアンという物があるのだ」と理解していただきたい．

理論を表現するのにラグランジアン形式を用いるのは，それが理論のもつ対称性を表すのに適しているためである．ラグランジアンがある対称性をもっているならば，そのラグランジアンで導かれる結果も，同じ対称性をもつ．現代の物理学では，対称性がとても重要だと思われている．対称性が，エネルギー

の保存や運動量の保存といった保存則を導き，さらに，対称性が物理法則を決定していると考える．このため，理論を表現する際に，その理論がもつ対称性を明示的に表すことが重要になり，そのためにはラグランジアン形式を用いるのが適している．

ラグランジアンの対称性と保存則

対称性とは，「変えても変わらない」ことである．これでは言葉遊びのようだが，「ある変化を加えても，それによって変化しない性質」といってもよい．例えば，回転である．球対称のものを回転しても，球のままであり，何の変化もなかったように見える．回転，というのは，球に加えられた変化，あるいは「変換」だが，その「回転変換」によって，球は変化しなかったわけである．何が変化しなかったか，というと，球の中心からその表面への距離，つまり半径 r が変化しなかった．さらに，球の表面にある任意の 2 点 A, B の間の距離 d_{AB} も変化しない．これらは，「回転変換」に対する「不変量」になる．ある変換を加えたとき，その変換に対して変化しない不変なものがあるとき，そこに「対称性」があるとみる．対称性には，それに対応する変換があり，その変換によって変わらない「不変量」がある．

相互作用のもつ対称性は，ラグランジアンの対称性として表現される．ラグランジアンに，ある変換をほどこしたとき，ラグランジアンが変化しなければ，そのラグランジアンで表現される力学系は，その変換に対する対称性をもつ．抽象的な言い方ではわかりにくいので，具体例を挙げよう．中心力ポテンシャル $V(r)$ 内の 1 粒子のラグランジアンは

$$L = \frac{m}{2}(v_x^2 + v_y^2 + v_z^2) - V(r)$$

だが，これは 3 次元の回転に対して不変になる．このラグランジアンで表される力学系は，3 次元回転に対して対称である．

ラグランジアンが，ある変換に対して対称なとき，それに対応した保存量が存在することを示すことができる．これは「ネーターの定理」とよばれる．エネルギー保存は，時間並進に対する対称性，運動量の保存は，空間並進に対する対称性から導かれる．

場の量子力学と経路積分

ラグランジアン密度[1]が場 $\phi(x^\mu)$ とその偏微分 $\partial_\mu \phi \equiv \frac{\partial}{\partial x^\mu}\phi(x^\mu)$ の関数として $\mathcal{L}(\phi, \partial_\mu \phi)$ であったとすると，作用 S は

$$S = \int \mathcal{L}(\phi, \partial_\mu \phi) d^4 x$$

で与えられる．量子力学的な場の理論では，作用 S に対応して確率振幅 e^{iS} がある．そしてこの確率振幅をありとあらゆる場合について足し合わせたものが実際の確率振幅だとする．つまり，ある現象の確率振幅は以下で与えられる．

$$\int \mathcal{D}\phi \, e^{iS[\phi]}.$$

この確率振幅の絶対値の二乗が，ある現象の起こる確率になる．ここで，$\mathcal{D}\phi$ は場 $\phi(x,t)$ が取り得るすべての配置（configuration）についての積分を意味する．場の配置は無限の自由度をもっているので，これは無限次元の積分になる．これは**経路積分法**とよばれる量子化の方法で，ファインマンが導入した方法である．

実際に，無限次元の経路積分を実行することは，極めて特殊な場合以外は不可能である．現実的な場の理論を厳密に解くことはできない．実際の問題はこの積分を適当な近似のもとに実行して，近似的な解を求める．代表的な近似解法である摂動近似法と格子計算法については後に説明する．

4.3 量子電磁力学 QED のラグランジアン

QED と QCD

強い相互作用の基本理論である量子色力学 QCD の名前が，電磁相互作用の基本理論である量子電磁力学 QED に似ている．これは偶然ではなく，QCD は QED をお手本にして，それを拡張していることを反映している．基本相互作用の理論はすべて**ゲージ理論**とよばれる理論に属しているが，QED はゲージ理論の原型であり，そのもっとも単純な場合になる．ここではまず，QED の概要を

---

[1] 以下，簡単のためラグランジアン密度のことを単にラグランジアンと書く．

説明し，次により複雑な QCD の概要を説明しよう．

QED のラグランジアンは以下で与えられる．

$$\mathcal{L}_{\text{QED}} = \sum_f \bar{\psi}_f(i\gamma^\mu \partial_\mu - m_f)\psi_f + e\sum_f Q_f \bar{\psi}_f \gamma^\mu \psi_f A_\mu - \frac{1}{4}F_{\mu\nu}F^{\mu\nu}. \quad (4.1)$$

- ψ_f は電子やクォークなどスピン 1/2 の粒子の場で，添え字の f はその種類 $(e, \mu, u, d, \ldots)$ を区別している．ψ_f「スピノル」とよばれる量である．非相対論的な量子力学では，電子のスピン状態は 2 成分のスピン波動関数 ϕ_σ で表されるが，スピノルはその相対性理論版と考えればよい．スピン 1/2 粒子は，スピン自由度 2 と粒子・反粒子の自由度 2 の合計 4 自由度をもっているので ψ_f は 4 成分の縦ベクトルになる．m_f は粒子 f の質量である．
- $\bar{\psi}_f$ は ψ_f の共役で，4 成分の横ベクトルになる．
- γ^μ はディラック行列という 4×4 の行列で ψ_f に作用する．
- e は素電荷，Q_f は素電荷を単位にした粒子 f の電荷．
- A_μ は電磁ベクトルポテンシャルで，光子場を表す．
- $F_{\mu\nu} = \partial_\mu A_\nu - \partial_\nu A_\mu$ は電磁場テンソルで，電場 $\boldsymbol{E}$ と磁場 $\boldsymbol{B}$ を相対論的に共変な形で表したものである．(23 ページ参照)

式 (4.1) は，「4 次元座標の添え字 μ や ν が上下に 2 度出てくるときは，これを 0 から 3 まで和をとる」という以前に述べた約束で書かれている．

自由粒子項，相互作用項，電磁場項

QED のラグランジアンは 3 つの項に分けられる．

$$\begin{aligned}
\mathcal{L}_{\text{QED}} &= \sum_f \mathcal{L}_f^{\text{自由}} + \sum_f \mathcal{L}_f^{\text{相互}} + \mathcal{L}_{\text{電磁}} \\
\mathcal{L}_f^{\text{自由}} &= \bar{\psi}_f(i\gamma^\mu \partial_\mu - m_f)\psi_f \\
\mathcal{L}_f^{\text{相互}} &= eQ_f \bar{\psi}_f \gamma^\mu \psi_f A_\mu \\
\mathcal{L}_{\text{電磁}} &= -\frac{1}{4}F_{\mu\nu}F^{\mu\nu}
\end{aligned}$$

- $\mathcal{L}_f^{\text{自由}}$ は自由な（＝相互作用をしていない）スピン 1/2 粒子 f のラグランジアンである．$\mathcal{L}_f^{\text{自由}}$ からはスピン 1/2 粒子の相対論的運動方程式であるディラッ

ク方程式が導かれる．
- $\mathcal{L}_{電磁}$ は電磁場のラグランジアンである．$\mathcal{L}_{電磁}$ からは，電磁場の基礎方程式であるマクスウェル方程式が導かれる．
- $\mathcal{L}_f^{相互}$ は荷電粒子 f と電磁場の相互作用を表す．

QED のラグランジアンの意味を直観的に説明すると「何種類かの荷電粒子 f と電磁場（光子場）が存在し，荷電粒子 f と電磁場の相互作用は $\mathcal{L}_f^{相互}$ で表される」となる．相互作用項 $\mathcal{L}_f^{相互}$ は，後に出てくるファインマン図での「頂点」に対応し

1. f から光子が放射される ($f \to f + \gamma$)
2. f に光子が吸収される ($f + \gamma \to f$)
3. f とその反粒子 $\bar{f}$ が光子になる ($f + \bar{f} \to \gamma$)
4. 光子が f と $\bar{f}$ に分かれる ($\gamma \to f + \bar{f}$)

という反応が起こり，その確率振幅が eQ_f に比例することを表している．

QED ラグランジアンのローレンツ不変性

ディラック行列 γ^μ をスピン 1/2 粒子の場 ψ ではさんだ $\bar{\psi}\gamma^\mu\psi$ は 4 次元ベクトルになる．これはローレンツ変換によって，スピノル ψ と $\bar{\psi}$ が変換し，$\bar{\psi}\gamma^\mu\psi$ が 4 次元ベクトルとして変換するという意味である．

QED のラグランジアン（式 (4.1)）はローレンツ変換によって変化しない．A_μ と $\bar{\psi}_f \gamma^\mu \psi_f$ はともに 4 次元ベクトルなので，そのスカラー積 $\bar{\psi}_f \gamma^\mu \psi_f A_\mu$ はローレンツ不変になる．同様に $F_{\mu\nu}F^{\mu\nu}$ もローレンツ不変なので，$\mathcal{L}_{QED}$ はローレンツ不変になる．このように理論のローレンツ不変性を明示できるのが，ラグランジアン形式を用いる利点である．

4.4　ゲージ対称性とゲージ理論

ゲージ変換

QED ラグランジアンは**ゲージ対称性**とよばれる対称性をもっている．これ

は，QED のラグランジアン $\mathcal{L}_{\mathrm{QED}}$ が次の**ゲージ変換**によって変化しないという意味である．

$$\psi_f \to e^{iQ_f\theta(x)}\psi_f \tag{4.2}$$

$$A_\mu \to A_\mu + \frac{1}{e}\partial_\mu\theta(x) \tag{4.3}$$

ここで $\theta(x)$ は時空点 $x = x^\mu$ の任意の関数である．この変換は一組のもので，同時にほどこさなければならない．

式 (4.2) は時空の各点での粒子場 ψ_f の位相変換である．こうした，時空の各点での変換を局所的変換とよぶ．粒子場は一般には複素数なので，位相 $e^{i\theta}$ をもつ．しかし物理として意味をもつのは，位相の差だけで，位相の絶対的な値自体は意味がない．ゲージ対称性とは，粒子場の位相をはかる基準点 $(\theta = 0)$ を時空の各点で自由に選べることを意味している．

$\mathcal{L}_{\mathrm{QED}}$ がゲージ変換に対して不変なことは，計算で確かめることができる．式 (4.2) で示される局所的位相変換によって

$$\partial_\mu\psi \to \partial_\mu(e^{iQ_f\theta(x)}\psi) = (\partial_\mu + iQ_f\partial_\mu\theta(x))\psi$$

となるので

$$\mathcal{L}_f^{\text{自由}} \to \mathcal{L}_f^{\text{自由}} - Q_f\partial_\mu\theta(x)\psi_f$$

となり，$\mathcal{L}_f^{\text{自由}}$ からは $-Q_f\partial_\mu\theta(x)\psi_f$ という余計な項が生じる．しかしこの余計な項は，$\mathcal{L}_f^{\text{相互}}$ に式 (4.3) の変換をほどこすことによって打ち消される．また，$\mathcal{L}_{\text{電磁}}$ は式 (4.3) の変換によって変化しない．したがって，$\mathcal{L}_{\mathrm{QED}}$ は式 (4.2) と式 (4.3) を同時にほどこすゲージ変換に対して不変になる．

ゲージ理論

QED の場合の局所位相変換のように，空間の各点で場に対してほどこす局所変換のことを一般的なゲージ変換とよぶ．ゲージ変換に対してラグランジアンが変化しない理論は，ゲージ対称性をもつという．ゲージ対称性をもつ理論のことをゲージ理論とよぶ．

現代の素粒子物理学では，このゲージ対称性は非常に重要と考えられている．

ゲージ対称性は自然がもつ基本的な対称性であり，それにより QED などの基本相互作用の形が決まると考えられている．3 つの基本相互作用の理論はすべてゲージ理論であり，重力の理論である一般相対性理論も広い意味でのゲージ理論と考えられる．

QCD も次に見るようにゲージ理論である．次の節で説明するように，クォークにはカラーという内部自由度がある．QCD のは，このカラー内部自由度の局所変換に基づくゲージ理論である．

4.5　カラー

クォークの内部自由度カラー

クォークにはスピンのほかに**カラー**（色）とよばれる内部自由度があることが知られている（図 4.1）[2]．カラー自由度は 3 で，3 原色とのアナロジーからカラーとよばれているが，目に見える色とは無関係である．3 原色が「赤」，「青」，「緑」であることにちなんで，この 3 つのカラー自由度を R, B, G とよぶこともある．

6 種類あるクォークのそれぞれがこの 3 つのカラー自由度をもっている．つまり u クォークに u_r, u_b, u_g の 3 種類があり，d クォークにも d_r, d_b, d_g の 3 種類がある．

クォークがカラー自由度 3 をもっているということは，クォークの場 ψ_q を 3 成分の縦ベクトルで表現できることを意味する．

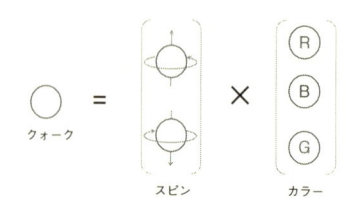

図 4.1　スピンとカラー．

---

[2] カラーの概念は 1960 年代に，グリーンバーグ，南部陽一郎，ハン等に同時期に独立に提唱された．

$$\psi_q = \begin{pmatrix} \psi_{q,r} \\ \psi_{q,b} \\ \psi_{q,g} \end{pmatrix}$$

カラー内部自由度の回転

　クォーク場をこの内部自由度に対して「回転」することができる．ただし，この回転は純粋にカラー内部自由度の回転で，空間の回転とはまったく関係がない．クォークのカラー状態の変換は行列で表すことができる．

$$\psi_{q,a} \to \psi'_{q,a} = U_{ab}\psi_{q,b} \tag{4.4}$$

ここで，U_{ab} は行列式が 1 の 3×3 のユニタリ行列である[3]．添え字 a, b はクォークのカラー自由度で (r, b, g) の 3 つの値をとる（1,2,3 でもよいのだが，カラーを R,B,G とよぶことに合わせている）．4 次元ベクトルのスカラー積のときと同様に，同じ添え字が 2 度出てきたらその和をとるという約束で書いてある．

4.6 　量子色力学 QCD のラグランジアン

局所カラー対称性

　QCD は式 (4.4) で表されるカラー自由度の変換が局所的対称性であるとして，それから導かれるゲージ理論である．つまり，時空の各点ごとに式 (4.4) のようにクォーク場をそのカラー内部自由度で変換しても物理は変わらないとする．「行列式が 1 の 3×3 のユニタリ行列による変換」の全体のことを数学では SU(3) 群とよぶので，「QCD は SU(3) をゲージ群とするゲージ理論である」とか「QCD は SU(3) ゲージ理論である」という言い方をする．

　QED の局所位相変換は以下のように書ける．

$$\psi(x) \to \psi'(x) = U(x)\psi(x) = e^{i\theta(x)}\psi(x).$$

---

[3] ユニタリ行列とは，複素数からなる正方行列 U で，$U^\dagger U = I$ となる行列．ここで $U^\dagger$ は U の転置行列の成分すべてをその共役複素数に取り換えた行列 ($U^\dagger_{ij} = U^*_{ji}$)．ユニタリ行列は直交行列を複素数行列に拡張したものと考えることができる．ユニタリ行列による変換は $\psi' = U\psi$ は複素数ベクトル ψ の大きさ $(\bar{\psi}\psi)^{1/2}$ を変えない．

同様に，QCD の基本となる局所的変換は，以下のように書ける．

$$\psi_{q,a}(x) \to \psi'_{q,a}(x) = U_{ab}(x)\psi_{q,b}(x).$$

つまり，QED の場合には 1×1 のユニタリ行列 ($U(x) = (e^{i\theta(x)})$) であった局所変換を 3×3 の特殊ユリタリ行列 $U_{ab}(x)$ に拡張したものが QCD である．

QCD のラグランジアン

QCD のラグランジアンは以下で与えられる．

$$\mathcal{L}_{\text{QCD}} = \sum_q \bar{\psi}_{q,a}(i\gamma^\mu \partial_\mu - m_q)\psi_{q,a} + g_s \sum_q \bar{\psi}_{q,a} \gamma^\mu T^A_{ab} \psi_{q,b} G^A_\mu - \frac{1}{4} G^A_{\mu\nu} G^{A\mu\nu}$$

- $\psi_{q,b}$ はクォークの場で，添え字 q はその種類 (u, d, c, s, t, b) を表す．添え字 a, b はクォークのカラーを示す添え字で (r, b, g) の 3 種類ある．
- g_s は QCD 結合定数で，素電荷 e に相当し，「強い相互作用」の強さを表す．
- G^A_μ はグルーオン場で，光子場 A_μ に相当する．添え字の A はグルーオンの担うカラーを表し，8 種類ある ($A = 1, 2, ..., 8$)．カラー添え字 (a, b, A) については，2 度出てきた場合は和をとる約束である．
- $G^A_{\mu\nu}$ はグルーオン場テンソルで，電磁場テンソル $F_{\mu\nu}$ に相当する．
- $T^A_{ab} = T^A$ はクォークのカラー内部空間の 3×3 行列で，「SU(3) 群のジェネレーター行列」とよばれる行列である．全部で 8 種類ある．

このラグランジアンが SU(3) のゲージ変換に対して不変になっている．

グルーオンのカラーの種類（8 色）

カラー空間での任意の微小回転は，8 種類のジェネレータ行列によって

$$U(\theta_1, \theta_2, \cdots, \theta_8) = I + \sum_{A=1}^{8} i\theta^A T^A + (\theta_A^2 \text{以上の微小項})$$

と表すことができる．ここで，I は 3×3 の恒等行列である．これは 3 次元空間の任意の微小回転が x 軸，y 軸，z 軸という 3 つの独立な回転軸の周りの微小回転の和として表せるのと似ている．3 次元空間の場合は独立な回転軸が 3 個であるのに対して，カラー空間の場合は 8 個の独立な回転軸があり，それが 8

組の T^A 行列で表されていると考えればよい.

行列 T^A とグルーオン場 G_μ^A と常に組になっているので，ジェネレータ行列の数 8 個に対応して 8 種類のグルーオン場がある．つまり，グルーオンのカラーは 8 種類（8 色）ある．

グルーオンのカラーが 8 種類あることは，以下のように，より直観的にも説明できる．グルーオンのカラーはクォークがもつ 3 種のカラーとその反カラーの組合せに相当する．例えば $r\bar{b}$ である．3 種のカラーと 3 種の反カラーの組合せは $3 \times 3 = 9$ 通りあるが，このうち一つは「白色」であって，相互作用に寄与しない．このため，この白色一つを除いた残り 8 つがグルーオンのカラーの種類になる．

自由クォーク項，相互作用項，グルーオン項

QCD のラグランジアンは QED と同じように 3 つの項に分けられる．

$$\mathcal{L}_{\mathrm{QCD}} = \sum_q \mathcal{L}_q^{自由} + \sum_q \mathcal{L}_q^{相互} + \mathcal{L}_G$$

$$\mathcal{L}_q^{自由} = \bar{\psi}_{q,a}(i\gamma^\mu \partial_\mu - m_q)\psi_{q,a}$$

$$\mathcal{L}_q^{相互} = g_s \bar{\psi}_{q,a} \gamma^\mu T_{ab}^A \psi_{q,b} G_\mu^A$$

$$\mathcal{L}_G = -\frac{1}{4} G_{\mu\nu}^A G^{A\mu\nu}$$

- $\mathcal{L}_q^{自由}$ は相互作用していないクォーク q のラグランジアンである．これは QED のものとまったく同じ形をしていて，違いはカラーの添え字 a が増えただけである．カラー添え字 a はクォークの種類ごとに，3 つの異なるカラー r, b, g をもったクォークがあることを示す．
- $\mathcal{L}_q^{相互}$ はクォーク q とグルーオン場の相互作用の項である．これも QED の相互作用ラグランジアンに良く似ているが a, b, A という余計な添え字が加わり，粒子 f の電荷 Q_f があったところに T_{ab}^A というジェネレータ行列がある．
- $\mathcal{L}^G$ は，グルーオン場のラグランジアンである．

$\mathcal{L}_G$ は，QED の $\mathcal{L}_{電磁}$ とグルーオンのカラー自由度を除いてまったく同じに見えるが，実は重要な違いがある．$\mathcal{L}_{電磁}$ は自由な電磁場のラグランジアンであった．電磁場は電磁場自身とは直接は相互作用しないからである．しかし $\mathcal{L}_G$ は

自由なグルーオン場のラグランジアンではない．次にみるように，グルーオン場テンソル $G^A_{\mu\nu}$ の形が電磁場テンソル $F_{\mu\nu}$ と異なっていて，グルーオン場はグルーオン場自身と相互作用する．

グルーオンの自己相互作用

グルーオン場テンソルは以下のようになる．

$$G^A_{\mu\nu} = \partial_\mu G^A_\nu - \partial_\nu G^A_\mu + g_s f^{ABC} G^B_\mu G^C_\nu \tag{4.5}$$

ここで，f^{ABC} は「SU(3) 群の構造定数」とよばれるもので，SU(3) 群のジェネレータ行列 T^A の間の交換関係を与える．

$$[T^A, T^B] = T^A T^B - T^B T^A = i f^{ABC} T^C. \tag{4.6}$$

数学的には，SU(3) 群の構造はこの交換関係と構造定数だけで決まるので，「構造定数」という名前がついている．

グルーオン場テンソルを電磁場テンソルの式と比べると $g_s f^{ABC} G^B_\mu G^C_\nu$ という項が付け加わっている．この項のために，$\mathcal{L}_G$ は自由なグルーオン場のラグランジアンではない．$\mathcal{L}_G$ は以下のように分けられる．

$$\begin{aligned}
\mathcal{L}_G &= \mathcal{L}^{自由}_G + \mathcal{L}^{相互}_G \\
\mathcal{L}^{自由}_G &= -\frac{1}{4}(\partial_\mu G^A_\nu - \partial_\nu G^A_\mu)(\partial^\mu G^{A\nu} - \partial^\nu G^{A\mu}) \\
\mathcal{L}^{相互}_G &= -g_s f^{ABC} G^B_\mu G^C_\nu \partial^\mu G^{A\nu} - g_s^2 f^{ABE} f^{CDE} G^A_\mu G^B_\nu G^{C\mu} G^{D\nu}.
\end{aligned}$$

$\mathcal{L}^{自由}_G$ は電磁場のラグランジアンとまったく同じ形をしている部分で，自由な（相互作用していない）グルーオンのラグランジアンである．$\mathcal{L}^{相互}_G$ はそれ以外の部分で，これはグルーオン場同士の自己相互作用を表している．$\mathcal{L}^{相互}_G$ の第 1 項では 3 つのグルーオン場が結びついていて，$g + g \to g$ のような反応が起こることを表す．第 2 項は 4 つのグルーオン場が結びついていて，$g + g \to g + g$ のような反応が起こることを表す．

グルーオンが自己相互作用をもつのは，ゲージ対称性のためである．SU(3) のジェネレータ行列が，式 (4.6) に示した交換関係をもつため，グルーオン場テ

ンソルは式 (4.5) の形をしていることがゲージ対称性を保つために必要になる．その結果，$\mathcal{L}_G$ にグルーオン場同士の相互作用項が生じる．

電磁相互作用の場合，光子同士は直接は相互作用しない．このため1個の光子が2個に分かれたり，光子同士が直接散乱することはない[4]．これは光子は電荷をもたないためである．一方，グルーオンはカラー電荷を担っている．グルーオンのもつカラー電荷が源となって，グルーオン同士の相互作用を引き起こす．

4.7 摂動論とファインマン図

摂動法

相互作用まで含めた QED や QCD のラグランジアンを厳密に解くことはできないので，何らかの近似を使って近似解を求める．そのもっとも有用な方法は摂動近似法である．

摂動近似法では相互作用ラグランジアン $\mathcal{L}_f^{相互}$ を摂動項とし，摂動を含まないラグランジアンの解である自由粒子が相互作用項によってどのような影響を受けるかを計算する．物理量は，QED の場合は微細構造定数 $\alpha = \frac{e^2}{4\pi\hbar c}$ のべきとして計算し，QCD の場合は，強い相互作用の結合定数 g_s を無次元化した $\alpha_s = \frac{g_s^2}{4\pi\hbar c}$ のべきとして計算する．

摂動計算法は散乱過程を計算するのに適している．高エネルギー加速器を使った実験では，粒子を非常に大きなエネルギーに加速して衝突させ，衝突の結果生じる粒子を測定する．摂動計算ではこうした衝突・散乱反応が起こる確率や，散乱で生じる粒子の分布などを計算することができる．

ファインマン図

摂動計算はファインマン図を使った計算法で行われる．ファインマン図は，摂動展開における各項を図で表現したものである．個々のファインマン図はそ

---

[4] 2 光子衝突による電子対生成 $\gamma + \gamma \to e^+ e^-$ のように，光子同士の相互作用はある．これは光子と電子の相互作用 $\mathcal{L}_f^{相互}$ によって起きているのであって，光子同士の直接的相互作用によって起きているのではない．

れぞれ特定の相互作用過程に対応していて,「ファインマン規則」とよばれる規則を使って,その相互作用過程の遷移振幅に翻訳することができる[5]. ファインマン図を使うと,摂動展開での各項の物理的意味を直観的にとらえることができる.

ファインマン図による摂動計算は,以下のように行われる.まず計算したい物理過程のファインマン図をすべて描き上げる.こうして得られたファインマン図にファインマン規則を適用して,それぞれのファインマン図をそれに対応する遷移振幅に翻訳する.こうして得られた遷移振幅の和をとり,その和の二乗を計算すれば,それが求めたい物理過程が起こる確率になる.

簡単なファインマン図の計算例

摂動計算がどう行われるかという説明のために,ファインマン図の具体例を1例だけみてみよう.図 4.2 は電子とその反粒子である陽電子が衝突して消滅し,ミューオンと反ミューオンになる反応の最低次のファインマン図である.

左にある2本の矢印線のうち,下の矢印線は始状態の電子を表し,上の矢印線は始状態の陽電子を表す.ファインマン図では電子やクォークなどのスピン 1/2 の粒子は矢印で表される.その際,始状態の粒子は頂点に向かう矢印線になり,始状態の反粒子は逆向きの矢印で表す.電子の矢印と陽電子の矢印が結びつく頂点から左に伸びる波線は,電子と陽電子が消滅して生じた光子を表し

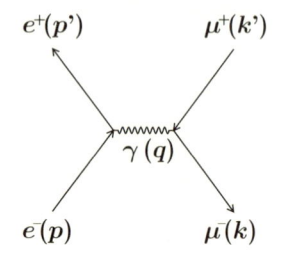

図 4.2　電子・陽電子消滅からミューオン対が生成される過程 $e^+e^- \to \mu^+\mu^-$ の最低次 (Leading Order) のファインマン図.

---

[5] ファインマン規則は,相互作用ラグランジアンから導出される.導出法については場の量子論の教科書に譲る.

ている．このファインマン図は電子と陽電子が消滅して光子に変わり，その光子がミューオンと反ミューオンに変わるという過程を表している．

この図には，電子・陽電子・光子が結びつく頂点とミューオン・反ミューオン・光子が結びつく頂点がある．こうした頂点は摂動項である相互作用ラグランジアン

$$\mathcal{L}_f^{\text{相互}} = eQ_f \bar{\psi}_f \gamma^\mu \psi_f A_\mu \ (f = e, \mu, \dots)$$

に対応している．$\bar{\psi}_e \gamma^\mu \psi_e A_\mu$ が電子 (ψ_e) と陽電子 ($\bar{\psi}$) と光子 (A_μ) が結びつくことを表している．

図 4.2 に示したファインマン図を，以下のファインマン規則を用いて遷移振幅に翻訳する．

1. 始状態の粒子（電子）には，その状態を表すスピノル $u(p)$ をあてる．
2. 始状態の反粒子（陽電子）には，その状態を表すスピノル $\bar{v}(p')$ をあてる．
3. 終状態の粒子（ミューオン）には，その状態を表すスピノル $\bar{v}(k)$ をあてる．
4. 終状態の反粒子（反ミューオン）には，その状態を表すスピノル $v(k')$ をあてる．
5. 光子と粒子・反粒子が出会う頂点には $ieQ_f \gamma^\mu$ をあてる．ここで e は素電荷で，Q_f は素電荷を単位とする粒子 f の電荷．
6. 頂点を結ぶ光子には，光子伝播関数 $-ig_{\mu\nu}/(q^2 + i\epsilon)$ をあてる（ϵ は $q^2 = 0$ での発散を避けるための無限小の正の数である）．
7. 各頂点で 4 元運動量は保存される．つまり $p + p' = q = k + k'$．

これから，図 4.2 の遷移確率振幅は以下のように求まる．

$$i\mathcal{M}(e^+ e^- \to \mu^+ \mu^-) = \bar{v}(p')(-ie\gamma^\mu)u(p)\frac{-ig_{\mu\nu}}{q^2}\bar{u}(k)(-ie\gamma^\nu)v(k').$$

この遷移振幅 $\mathcal{M}$ を二乗し，始状態の電子・陽電子のスピンについて平均し，さらに終状態について積分すると，この反応の反応断面積が得られる．電子やミューオンの質量が小さいとして無視すると，結果は以下のようになる．

$$\sigma(e^+ e^- \to \mu^+ \mu^-) = \frac{4\pi\alpha^2}{3E_{\text{CM}}^2} = \frac{4\pi\alpha^2}{3s}.$$

この反応 ($e^+e^- \to \mu^+\mu^-$) は電子と陽電子を衝突させる電子・陽電子衝突型加速器で起こるもっとも基本的な素粒子反応の一つで，実験的にも非常に精密に研究されていて，この式が実験結果と一致することが確かめられている[6]．

QCD のファインマン図

QCD の摂動計算も QED と同じようにファインマン図を用いて計算する．QCD の相互作用ラグランジアンから QCD のファインマン規則が導かれ，そのファインマン規則を使って摂動計算を行う．

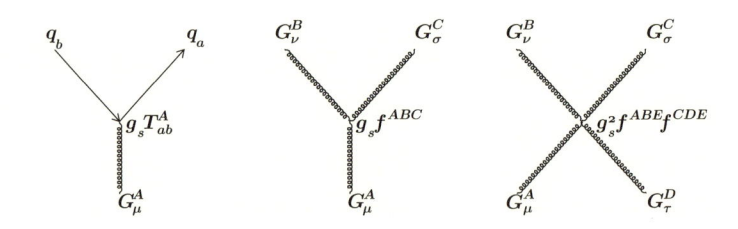

図 **4.3** QCD のファインマン図の頂点．

図 4.3 に QCD のファインマン図の頂点を示す．一番左の頂点は，クォークとグルーオンの相互作用項

$$\mathcal{L}_q^{\text{相互}} = g_s \bar{\psi}_{q,a} \gamma^\mu T^A_{ab} \psi_{q,b} G^A_\mu$$

に対応する．ここで頂点に入る矢印線はクォーク場 $\psi_{q,b}$，頂点から出ていく矢印線はその共役である $\bar{\psi}_{q,a}$，渦巻き線はグルーオン場 G^A_μ にそれぞれ対応する．この頂点は QED での荷電粒子との頂点とほとんど同じであり，違いとしては，QED のときに波線で表された光子が渦巻き線で表されるグルーオンに変わり，カラーの添え字が加わっている．

QED のファインマン規則では，荷電粒子と光子の頂点は粒子の電荷 eQ_f に比例していた．QCD のファインマン規則では，この頂点は $g_s T^A_{ab}$ に比例する．ここで a，b はクォークのカラーで，A はグルーオンのカラーを示す．頂点で

---

[6] 重心エネルギーが Z 粒子の質量に近づくと，Z 粒子が中間状態に現れて，上の式はそのままでは成り立たなくなる．Z 粒子の効果も含めた計算は，実験と一致する．

結びつくクォークとグルーオンのカラーの組合せによって相互作用の強さが決まる.

図の中央と右に示した頂点は,グルーオンの自己相互作用項

$$\mathcal{L}_G^{相互} = -g_s f^{ABC} G_\mu^B G_\nu^C \partial^\mu G^{A\nu} - g_s^2 f^{ABE} f^{CDE} G_\mu^A G_\nu^B G^{C\mu} G^{D\nu}$$

に対応している.中央に示した頂点では3本の渦巻き線が頂点で結ばれているが,これは $\mathcal{L}_G^{相互}$ の最初の項に対応し,3グルーオンの間の相互作用を表す.右の頂点は $\mathcal{L}_G^{相互}$ の第2項に対応し,4グルーオン間の相互作用を表す.これらの頂点は QED にはなかったもので,グルーオンが自己相互作用をするために加わった.

QCD のファインマン図とファインマン規則は,カラーの添え字のためと,新たに加わった3グルーオン頂点,4グルーオン頂点などのために,QED のファインマン規則よりも大分複雑になる.しかし,摂動計算のやり方としては基本的には同じである.計算したい物理過程に対応するファインマン図をすべて描きあげる.そして各ファインマン図をファインマン規則に従って,遷移振幅に翻訳する.こうして得られた遷移振幅を足し合わせて,その二乗をとると,計算したい物理過程が起こる遷移確率になる.

QED の摂動計算で物理量を微細構造定数 $\alpha = \frac{e^2}{4\pi}$ のべきとして計算したように,QCD の摂動計算では物理量を $\alpha_s = g_s^2/4\pi$ のべきで展開して計算する.後にみるように,量子力学的効果のために α_s は定数ではなく反応の運動量移行のスケール Q に依存する関数 $\alpha_s(Q)$ になる(図 4.5 参照).$\alpha_s(Q)$ の値としては,$Q = 2$ GeV で約 0.2 である.この値は QED の結合定数である α が 1/137 程度であるのに比べて非常に大きい.

摂動最低次でのクォークとグルーオン間の散乱断面積

クォーク同士,グルーオン同士,クォークとグルーオンの散乱などの QCD の反応をファインマン図を使って計算し,その散乱断面積を求めることができる.表 4.1 に,最低次(Leading Order (LO))の摂動論的 QCD 計算でのクォークとグルーオンの散乱振幅をまとめる.表に示されているのは,散乱振幅の二乗をスピン,カラー状態で平均した量で,これをローレンツ不変な Mandelstam 変数 s, t, u(30 ページ参照)で表している.重心エネルギー $\sqrt{s}$ がクォーク質

表 4.1 最低次 (Leading Order) での摂動論計算による反応の遷移振幅の二乗の平均値.

反応	$\sum|\mathcal{M}|^2/g_s^4$
$qq' \to qq'$	$\dfrac{4}{9}\dfrac{s^2+u^2}{t^2}$
$q\bar{q}' \to q\bar{q}'$	$\dfrac{4}{9}\dfrac{s^2+u^2}{t^2}$
$qq \to qq$	$\dfrac{4}{9}\Big(\dfrac{s^2+u^2}{t^2} + \dfrac{s^2+t^2}{u^2} - \dfrac{8}{27}\dfrac{s^2}{ut}\Big)$
$q\bar{q} \to q'\bar{q}'$	$\dfrac{4}{9}\dfrac{t^2+u^2}{s^2}$
$q\bar{q} \to q\bar{q}$	$\dfrac{4}{9}\Big(\dfrac{s^2+u^2}{t^2} + \dfrac{t^2+u^2}{s^2} - \dfrac{8}{27}\dfrac{u^2}{st}\Big)$
$q\bar{q} \to gg$	$\dfrac{32}{27}\dfrac{t^2+u^2}{tu} - \dfrac{8}{3}\dfrac{t^2+u^2}{s^2}$
$gg \to q\bar{q}$	$\dfrac{1}{6}\dfrac{t^2+u^2}{tu} - \dfrac{3}{8}\dfrac{t^2+u^2}{s^2}$
$gq \to gq$	$-\dfrac{4}{9}\dfrac{s^2+u^2}{su} + \dfrac{u^2+s^2}{t^2}$
$gg \to gg$	$\dfrac{9}{2}\Big(3 - \dfrac{tu}{s^2} - \dfrac{su}{t^2} - \dfrac{st}{u^2}\Big)$

量 m_q に対して十分に大きく ($s \gg m_q^2$), クォーク質量の影響は無視できるとして m_q は 0 で近似してある. 表にある散乱振幅の二乗の平均 $\overline{\sum}|\mathcal{M}|^2$ を使って散乱断面積は以下のように表される.

$$\frac{d\sigma}{dQ^2} = \frac{\pi\alpha_s^2}{s^2}(\overline{\sum}|\mathcal{M}|^2/g_s^4)$$

ここで, $Q^2 = -q^2 = -t$ は散乱での 4 次元運動量移行の大きさである. 重心系では,

$$\frac{d\sigma}{d\Omega_{\mathrm{CM}}} = \frac{\alpha_s^2}{4s}(\overline{\sum}|\mathcal{M}|^2/g_s^4).$$

表に示した平均二乗散乱振幅は無次元の量（次元が [質量]^0 の量）になっている. これは, クォーク質量が無視できるとき, QCD には質量の次元をもったパラメータが存在しないためである. 相互作用の強さを決める結合定数 α_s は無次元の量なので, QCD はスケールをまったくもたない理論になる.

4.8　高次の摂動とくりこみ理論

　高次の摂動計算を行うと，ループを含むファインマン図が出てくる．例えば図 4.4 に示したようなループを含むファインマン図である．この左の図は，一つのグルーオンが二つのグルーオンに一時に分かれ，それが再び一つのグルーオンになる過程を示している．右の図は一つのグルーオンが一時的にクォーク・反クォーク対になり，それが再び一つのグルーオンに戻る過程である．

　ファインマン規則では，このようなループが出てきた場合，ループを回る 4 元運動量ついて 0 から無限までの積分を行う．これは，すべての中間状態についてその寄与を足しあげていることに相当する．非相対論的量子力学の摂動計算でも，中間状態すべてについての足しあげを行ったが，それと同じである．

図 4.4　ループを含む QCD のファインマン図の例．これはグルーオンの伝播関数への補正となる．このほか，クォークの伝播関数や，相互作用頂点などの高次摂動項に，ループを含むファインマン図が現れる．

ファインマン図のループと紫外発散

　図 4.4 の左に示したループの場合，左から入るグルーオンの 4 元運動量を k^μ，ループの下側のグルーオンの 4 元運動量を l^μ とする．頂点での 4 元運動量の保存からループの上側のグルーオンの運動量は $k^\mu + l^\mu$ と決まるので，l^μ についての積分を行うと，次のような積分が現れる．

$$\int \frac{d^4 l}{(2\pi)^4} \frac{1}{l^2} \frac{1}{(k+l)^2}$$

ここで，$1/l^2$ はループ下側のグルーオンの伝播関数で，$1/(k+l)^2$ はループの上側のグルーオンの伝播関数からくる．すぐわかるように，この積分は発散する．l^μ の大きさの上限を Λ とすれば，

$$\int_0^\Lambda \frac{d^4l}{l^2(k+l)^2} \simeq \int_0^\Lambda \frac{d^4l}{l^4} \simeq \int_0^\Lambda \frac{l^3 dl}{l^4} \simeq \int_0^\Lambda \frac{dl}{l} \simeq \log \Lambda$$

となり，$\Lambda \to \infty$ のときに対数的に発散する．この発散は運動量スケールの大きいところで起こる発散なので，「紫外発散」とよばれる．

くりこみ理論

QEDやQCDでループを含むファインマン図の計算は常に紫外発散する．紫外発散をそのままにしておくと，計算結果は意味をもたなくなる．しかし，QEDやQCDなどの「くりこみ可能」な理論の場合は，このループ積分の発散は，「くりこみ」という手続きによって取り除くことができ，摂動展開の次数ごとに発散のない計算結果を得ることができる．

QEDやQCDでの紫外発散は，電子やクォークなどのスピン1/2粒子の質量への補正 δm，e や g_s などの相互作用の結合定数への補正，電子場，クォーク場，光子場，グルーオン場などの場の規格化定数への補正など，ラグランジアンに現れる有限個の量への補正の形で現れる．そこで，ラグランジアンに現れる m や g_s などはこうした補正を受ける前の「裸の量」であると考え，補正後の量が実際に測定される物理量であると考えることで，補正項に現れる発散を物理量のなかに「くりこむ」ことができるのである．発散を観測量にくりこんでしまえば，観測量は有限値なので，計算結果は発散しなくなる．

例えば，電子の裸の電荷 e_0 はループ積分からの補正 δe を受ける．観測される電荷は $e = e_0 + \delta e$ になる．摂動計算で δe を計算すると，それは形式的には無限大になる．しかし，e_0 も δe も測定できない量で，測定できるのは有限な e だけである．そこで，計算結果をこうしたくりこみ後の物理量だけで表現しなおすと，δe などの発散する補正量はすべて最終的な計算結果からは消えてしまい，有限な計算結果が得られる[7]．

くりこみ理論の有効性

QEDやQCDはくりこみ可能な理論であり，ループ積分からの発散は，くりこみ手続きによってすべて取り除くことができる．しかも得られた計算結果は

---

[7] くりこみの手続きと計算は非常に複雑で，それを説明することは本書の範囲を超える．興味のある読者は場の量子論の教科書で勉強してほしい．

実験と非常に良い一致をする.

　QEDの場合は,摂動計算によって非常に高精度の理論計算が行われている.その良い例が電子の異常磁気能率 $g-2$ の計算である.電子はそのスピン s を起源とする磁気能率 $\mu = (1+a_e)es/m$ をもつが,その大きさの1からのずれ a を異常磁気能率という.この量は実験的には12桁という超高精度の測定が行われている.一方,QEDの理論計算は α^5 までの摂動計算が行われている.その計算に要するファインマン図は1万以上である.両者を比べると以下のようになる.

$$a_e(実験) = (1159652180.73 \pm 0.28) \times 10^{-12}$$
$$a_e(\text{QED}) = (1159652181.78 \pm 0.77) \times 10^{-12}.$$

両者は12桁に及ぶ精度の範囲で一致している[8]).

　QCDにおいては,このように超高精度の検証は行われていないが,精度10%レベルでの実験とデータの比較は行われていて,その精度の範囲内で摂動計算は実験データと一致している.こうした理論計算と実験データの一致は,くりこみ理論の物理理論としての正しさと有効性を実証している.

4.9　漸近自由性

くりこみ理論での α_s への補正

　くりこみ理論のポイントは,結合定数や質量といったのラグランジアンに現れる定数は「裸の量」であり,実際に観測される物理量とは違っているということである.実際に観測される結合定数や粒子の質量は,相互作用の効果によって補正を受けている.

　補正後の物理的な結合定数や質量は,もはや定数ではなくなる.くりこみ手続きをする場合,ある適当な運動量スケール μ_R で結合定数や粒子質量を測定値に合わせる.この運動量スケール μ_R を「くりこみ運動量スケール」あるいは単に「くりこみスケール」とよぶ.その結果,くりこみ後の結合定数や質量にくりこみスケール依存性が現れる.

---

8) Physical Review Letters 109, 111807 (2012).

もともと「定数」であった結合定数 α_s が定数でなくなるというのは非常に奇妙で，おかしいのではないかと思うかもしれない．ファインマン図の計算に出てくる結合定数は定数だったのだから，高次の計算をしても定数のままのはずではないかと思う読者は多いのではないかと思う．実際，これは非常に不思議な量子力学的効果だが，後に述べるように，実験的にも確認されている現象でなのである．

α_s のスケール依存性

α_s のスケール μ_R 依存性は QCD の摂動計算で求めることができる．それによると，α_s は以下の微分方程式に従う．

$$\mu_R^2 \frac{d\alpha_s}{d\mu_R^2} = \beta(\alpha_s) = -(b_0 \alpha_s^2 + b_1 \alpha_s^3 + \cdots)$$
$$b_0 = \frac{33 - 2n_q}{12\pi}, \qquad b_1 = \frac{153 - 19n_q}{24\pi^2}$$

ここで n_q は $2m_q < Q$ であるクォークの種類の数である．例えば，$Q = 4$ GeV では u, d, s, c の 4 種類のクォークが $2m_q < Q$ なので，$n_f = 4$ となる．

最初の b_0 までの項をとると，この方程式は解くことができる．

$$\alpha_s(\mu_R^2) \simeq \frac{1}{b_0 \log(\mu_R^2/\Lambda_{\text{QCD}}^2)} = \frac{12\pi}{(33 - 2n_q) \log(\mu_R^2/\Lambda_{\text{QCD}}^2)}.$$

Λ_{QCD} は「QCD スケール」とよばれ，QCD の結合強度を特徴づける運動量スケールである．QCD の結合定数 α_s は「定数」ではなく，μ_R の関数となった．その μ_R 依存性は上の式にみるように Λ_{QCD} によって決定されている．

μ_R^2 はくりこみを行う運動量スケールで，任意に選べるパラメータである．しかし，反応の典型的な運動量スケールを Q^2 としたとき，$\mu_R^2 = Q^2$ を選ぶことが多い．必ずそうしなければならないわけではないのだが，ほとんどの場合，そうしたほうが簡単になるからである．こう選ぶことにより，α_s は反応の運動量スケール Q^2 の関数 $\alpha_s(Q^2)$ となる．これは，相互作用の強さが反応の運動量スケール Q^2 によって変化すると解釈することができる．

QED の結合定数 α のスケール依存性

QCD の結合定数がくりこみスケールに依存するというと，「QED の結合定数

である α は何故スケール依存しないのだろう」という疑問が生じるだろう．実は α もスケール依存性をもつ．しかし，通常は $\mu_R = 0$ での値として微細構造定数 α を定義するので定数になるのである．

α は非常に低いエネルギーの実験での精密測定に基づいて決定される．現在もっとも精密に α を決める方法一つは，電子の異常磁気能率の理論値と実験値の比較である．これは，$\mu_R = 0$ で実験と理論を比較して α を決定していることに相当する．ほかの α の測定法も同様で，$\mu_R = 0$ での α を測定している．つまり，$\alpha \equiv \alpha(\mu_R^2 = 0)$ と定義されている．

しかし，QED の場合であっても，$\mu_R = 0$ での α を常に使わねばなければならない訳ではない．弱い相互作用を媒介する Z 粒子の性質を測定するときは，Z 粒子の質量 $m_Z \approx 91 \text{ GeV}/c^2$ 付近での α を使うほうがより自然になる．$\alpha(\mu_R^2 = 0) \approx 1/137$ に対して，$\alpha(\mu_R^2 = m_Z^2) \approx 1/128$ である．

漸近自由性

α_s の運動量スケール依存性は実験的に確かめられている．図 4.5 は α_s のスケール依存性を示す．このグラフは，様々な反応で測定された α_s の値を，その反応の運動量移行のスケール Q の関数として示したものである．カーブは α_s の理論計算曲線で，理論がデータと良く一致していることがわかる．

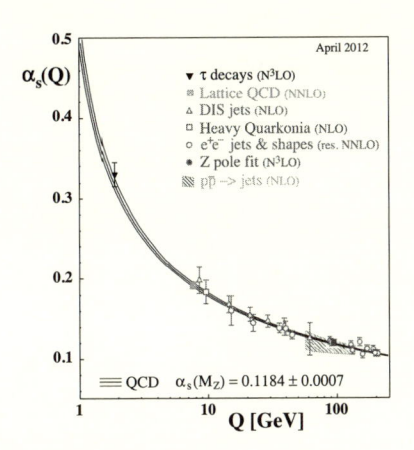

図 **4.5** 強い相互作用の結合定数．出典：Particle Data Group, Physical Review D86, 010001 (2012) (http://pdg.lbl.gov).

この図にまとめられた α_s の測定値には，多くの QCD 反応仮定のデータが用いられている．このすべての測定結果が QCD 理論で予想される α_s のカーブ上にのっていることは非常に注目すべき点である．これは α_s は運動量スケールによってその値が変わるが，同じ運動量スケールで測定すればまったく異なった反応でも同じ α_s をもつことを意味している．運動量スケールを同じにとれば，その値が同じであるという意味で，α_s は普遍的な「定数」なのである．また，α_s の運動量スケール依存性は，数 GeV という低いエネルギースケールから数百 GeV という大きなエネルギースケールにいたるまで，QCD 理論で予想される通りの振る舞いをしている．これは QCD 理論とそのくりこみ理論が強い相互作用の正しい理論であることを示している．

運動量スケール Q が大きくなると，α_s は小さくなる．これは，運動量移行の大きい反応の場合は相互作用が弱くなり，クォークやグルーオンはほとんど自由粒子のようになることを意味する．これを「漸近自由性」とよぶ．漸近自由性は QCD の非常に大きな特徴で，グルーオンが自己相互作用をするために生じる．結合定数 α_s への補正の主要部分は，グルーオン伝播関数への補正からくる．そこには図 4.4 に示したファインマン図が現れる．この図の左側にあるグルーオンのループが，Q が大きいときに α_s を小さくする効果をもつ．一方，右側にあるクォークのループは，Q が大きいときに α_s を大きくする効果をもっている．QCD の場合は，グルーオン・ループの効果のほうがクォーク・ループの効果より強いので，結果的に，Q が大きくなるにつれて α_s は小さくなる．

QED の場合は，図 4.4 の右側の図に相当する寄与しかない．このため結合定数 α は Q が大きくなるにつれて大きくなる．Z 粒子の質量付近では $\alpha \approx 1/128$ となることは前節で述べた．

Q^2 が大きいと α_s が小さくなるといっても，現在可能な実験の範囲では α_s 大きさは 0.1 から 0.2 程度あり，摂動計算の収束はあまり早くない．また，有限次の摂動計算の結果は運動量スケール μ に依存するので，μ としてどの値を選ぶかによる計算結果の不定性がある．こうした理論的不定性や実験的な測定不定性の範囲で，摂動的 QCD の計算結果は実験データと良い一致をしている．

QCD の結合定数 α_s は Q が小さくなると急激に大きくなる．$Q = 1$ GeV で $\alpha_s \simeq 0.5$ になる．これ以上大きくなると，摂動計算の収束性が疑問になる．特に $Q = \Lambda_{\text{QCD}}$ では α_s は発散する．一般に $Q < 1$ GeV では QCD の摂動計算は

信頼できないと考えられている．このように低いエネルギーでは摂動法でQCDの問題を解くことはできないので，非摂動的な方法を使わねばならない．

4.10　格子QCD理論

摂動論的QCD理論が有効なのはQ^2が大きな反応である．そこでは，図4.5に示すように，QCDの結合定数α_sが小さくなるのでα_sによる摂動展開が収束する．一方Q^2が小さくなるとα_sはどんどん大きくなる．α_sが大きくなりすぎると摂動展開が収束しなくなるので，Q^2が1~2 GeV^{2}より小さい反応については摂動論QCD計算は信頼できなくなる．Q^2の小さい場合を扱うには，別の方法が必要になる．

Q^2の小さい場合のQCDの近似解法としてもっとも有力な方法が格子QCD理論である．この理論では，4次元時空を格子に分割する．実際の空間は連続で無限の広がりをもっている．これを有限の格子間隔をもち有限の広がりをもった格子で近似する．こうして格子上で近似されたQCD理論を計算機を使った数値計算シミュレーションで解く．

40ページで述べたように，理論のラグランジアン密度$\mathcal{L}(\phi, \partial_\mu \phi)$が与えられたとき，その量子力学的な場の理論は経路積分

$$Z = \int \mathcal{D}\phi e^{iS[\phi]}, \quad S[\phi] = \int \mathcal{L}(\phi, \partial_\mu \phi) d^4x$$

によって得られる．ここでϕは場の量を一般に表したもので，QCDの場合はクォーク場ψとグルーオン場G_μを代表している．$\mathcal{D}\phi$は場$\phi(x,t)$が取り得るすべての配置（configuration）についての積分を意味する．格子上の場の理論では，上の経路積分を格子上で数値的に実行する．もとの理論での積分は連続無限個ある時空間上の場の量の積分になり，到底計算することはできない．それを有限の格子上に制限することによって有限個の場の量の積分になる．この有限次元の場の積分を大型計算機を使って数値計算する．

格子QCD理論では，格子点にクォーク場，格子点を結ぶ格子上にグルーオン場を置き，その場の量の組合せをモンテカルロ法によって積分する．また，上の式で指数関数$\exp(-iS[\phi])$の部分はこのままでは収束が悪いので，これを複

第4章 クォークとグルーオン間の力学 — 量子色力学 QCD 入門 —

素平面上で $90°$ 回転し $\exp(-S[\phi])$ としたうえで積分を実行する．これには膨大な計算が必要で，1秒間に数十兆回の浮動小数点計算を行うことのできる計算機を使っても数ヵ月にわたる計算が必要になる．

計算機の進歩と，計算技術の進歩によって，最近では非常に自然界に近い計算をすることができるようになってきている．これにより，例えば，ハドロンの質量を約 1% の精度で計算できるようになっている．

図 4.6 に，格子 QCD 計算によるハドロン質量の計算例を示す．これは，日本の CP-PACS グループによる計算で，現在もっとも高精度の格子 QCD 計算の一つである．図の縦軸は GeV 単位でのハドロンの質量で，実験データは●で示され，格子 QCD 計算結果は短い横線で示されている．計算結果が非常に良く実験値と一致していることがわかる．

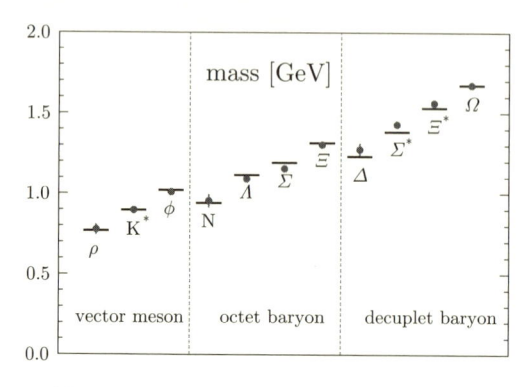

ここに示されているハドロンは，u, d, s というもっとも軽い3種類のクォークからできているハドロンで，表 2.1（9ページ）にそのクォーク構成と質量などの性質がまとめられている．これらのハドロンの質量を計算するには，u, d, s の3つのクォークの質量と，強い相互作用の強さを表す α_s に相当する量の合計4個のパラメータが必要になるが，この計算では u クォークと d クォークの質量 m_q は同じであるという近似を用いているので，必要なパラメータの数は m_q，s クォークの質量 m_s，α_s の3個になる．実際の計算では，π と K と Ω という3つのハドロンの質量が実験測定値と一致するようにすることで，この3

図 4.6　格子 QCD 計算により計算されたハドロンの質量出典：CP-PACS Collaboration, Physical Review D79, 034503 (2009).

個のパラメータを与えている（K と π については，図に示されていない．Ω は図に示されているが，実験値と計算値が完全に一致しているのは，Ω の質量が計算のインプットに使われているためである）．

u, d クォークの質量はそれぞれ約 2.3 MeV と約 4.8 MeV で，その平均は約 3.5 MeV．これを 3 個分合わせても，核子の質量（約 940 MeV）の約 1% にすぎない．s クォークの質量は約 100 MeV で，K 中間子など s クォークを含むメソンの 1/5，Λ など s クォークを含むバリオンの十数分の一の質量である．つまり，ハドロンの質量の大部分は QCD の相互作用によって生み出されている．それを格子 QCD 計算は約 1% の精度で計算している．

高エネルギー加速器の実験によって，多くの種類のハドロンが発見されて以来，そのハドロンの質量を理論的に計算することは，強い相互作用の理論研究の長年の問題だった．QCD が強い相互作用の理論として確立した後も，相互作用定数が大きくなる運動量スケールの小さな場合は，摂動論では信頼のおける計算ができず，ハドロン質量を計算することはできなかった．格子 QCD 計算が，わずか 3 個のパラメータをインプットとして，この図に示された Ω を除く 10 個のハドロンの質量を 1〜2% の精度で再現していることは，格子 QCD 計算の正しさを実証している．これは，格子 QCD という近似手法の正しさを示すばかりでなく，QCD が強い相互作用の正しい理論であることを示している．

先に，こうしたハドロン質量計算のインプットパラメータである m_q, m_s, α_s は π, K, Ω の質量の計算値が実測値と合うように決めたと述べた．このような格子 QCD 計算と実験データの比較が，クォーク質量を決定するもっとも精度の良い方法である．表 2.2 に示したクォーク質量は，t クォークの質量を除いて，主にハドロン質量と格子 QCD 計算の比較によって決定されている．

格子 QCD 計算の精度は，近年ますます向上している．ここに示したハドロン質量ばかりでなく，ハドロンのほかの性質，例えば，π や K の崩壊定数も計算されて，実験値と 1% 程度のの精度で一致している．最近では，核子間にはたらく核力も計算できるようになっている．

第5章 QCD相構造とクォーク・グルーオン・プラズマ

　場の量子論では，系の基底状態（エネルギーが最低の状態）を「真空」とよぶ．基底状態である「真空」にエネルギーを与えると，励起状態が生まれ，それが場の上を波として伝わっていく．この励起状態の波が粒子である．基底状態は，場の励起がない状態なので，「粒子がない状態」になる．だから，基底状態のことを「真空」とよぶ．

　このように定義された「真空」は，しかし，本当に「空っぽ」の状態ではない．そこには素粒子の場が存在しているために，複雑な構造をもちうる．物性物理が扱う，金属や磁性体や半導体などの物質が複雑な構造と物性をもつように，素粒子の場も複雑な構造をもった媒体になる．そして，温度が上がると，その状態が変化し，それに伴って相転移が起こりうる．

　水が「固体の氷」，「液体の水」，「気体の水蒸気」という3つの相をもつように，クォークとグルーオンからなるQCDの場も，私たちが日常目にしている低温相である「ハドロン相」のほかに「QGP相」という別の相をもつ．この章の後半で述べるように，QCD相図には，このほかにもいろいろな相があることが理論的に予想されている．

　クォーク・グルーオン・プラズマ（QGP）は，クォークとグルーオンからなる高温のプラズマ状態である．これは，QCDの高温相になる．私たちが日常目にする低温相では，クォークやグルーオンは核子の内部に閉じ込められている．高温では「閉じ込め」が破れ，クォークやグルーオンが広い空間を比較的自由に動き回る別の相になる．この高温相をQGPとよぶ．

　QGP相では「閉じ込め」が破れているが，もう一つの重要な性質として，「カイラル対称性」が回復する．「カイラル対称性」とは，QCDが近似的にもっている対称性である．しかし，低温相では，カイラル対称性は「自発的に破れ」て

いる．

　「カイラル対称性の自発的な破れ」は，QCD の低温相での特質であり，その低エネルギーでの性質を決定づけている．例えば，核子がもつ質量の 99% は，カイラル対称性の自発的破れによって生み出されていると考えられ，また，π の質量が約 0.14 GeV と，ほかのハドロンがもつ約 0.6 GeV から 1 GeV に比べて非常に小さいのは，π が，カイラル対称性の破れの結果生じる「南部・ゴールドストーン・ボソン」であるためと考えられる．低温相では，カイラル対称性の破れのために，u, d クォークは，約 300 MeV の有効質量を獲得している．しかし，QGP 相では，カイラル対称性が回復するので，u, d クォークはこの有効質量を失い，数 MeV という本来の質量になる．

　QGP は，閉じ込めが破れ，カイラル対称性が回復が回復した，QCD の高温相なのである．

　「閉じ込め」，「カイラル対称性」，「対称性の自発的破れ」という聞きなれない言葉がたくさん出てきたことに戸惑っている読者も多いことと思うが，これらの用語については，以下の各節で説明する．まず，クォークやグルーオンの「閉じ込め」について説明し，続いて，「カイラル対称性」とは何か，「対称性の自発的破れ」とは何かを説明したのち，「カイラル対称性の自発的破れ」を解説する．次に，QCD の相図を示した後，高温での QGP が実現するかについて，まず現象論的モデルで説明した後，格子 QCD による計算結果を紹介する．

5.1　クォークの閉じ込め

　原子核を作っている陽子や中性子は，素粒子であるクォークとグルーオンからできている．しかしこれまで単体でクォークやグルーオンが取り出されたことはない．これは強い相互作用が長距離では非常に強くなり，その結果，クォークやグルーオンはハドロン内に「閉じ込め」られてしまうためと考えられている．
　クォークは 3 種類のカラーをもち，グルーオンは 8 種類のカラーをもつ．カラーは，電磁気での電荷に相当するものであり，電荷間に力がはたらくように，カラー間に力がはたらく．プラスの電荷とマイナスの電荷が等量あると，電気的に中性になり，電磁気力ははたらかなくなる．それと同様に，3 種類のカラー

が「同じ量」だけあると，カラー的に中性な，「白色」状態になる．

ハドロンは，カラー的に中性な「白色」状態である．πなどのメソンはクォークと反クォークから，核子などのバリオンは3個のクォークからできていることは述べた．クォークはカラー，反クォークのその逆のカラーもつので，クォークと反クォークの組はカラー的に白色状態にすることができる．メソンは，クォークと反クォークが，そのカラーが白色になるように組み合わされた状態なのである．3個のクォークも，3個のクォークがすべて別のカラーをもっていれば，カラー的に白色になる．これは，色の3原色の赤・青・緑を同じだけまぜると白色になるのに似ている．バリオンは，3個のクォークが，そのカラーが全体で白色になるように組み合わさった状態である．

QCDのカラーと，色の3原色とは無関係なので，上に述べた3原色とのアナロジーはたとえ話である．実際には，QCD理論のもとになるSU(3)という群の性質から，「クォークと反クォークの組」や「3個のクォークの組」が，カラー的に中性になることを示すことができる．

電磁気力の場合，電場Eや磁場Bにはエネルギーが伴い，そのエネルギー密度は$(E^2+B^2)/2$になる．それと同様に，QCDのカラー電場やカラー磁場もエネルギーをもつ．ハドロンがカラー的に白色なので，ハドロンの外部ではカラー電場もカラー磁場もなくなり，それに伴うエネルギーがなくなるので，エネルギー的にはもっとも低い状態になる．これが，クォークや反クォークがハドロンというカラーが白色の束縛状態を作る理由である．電磁気力の場合も，負の電荷をもった電子と，正の電荷をもった原子核が，電荷が中性の原子を作るのは，それがエネルギー的に得だからである．

原子の場合は，そこから電子を取り出すことができた．原子から電子をはぎ取ると，正の電荷をもったイオンになる．実際，こうして電荷をもったイオンを作ることができるから，それを加速器で電気的に加速して，衝突させたりすることができる．

しかし，ハドロンの場合は，そのなかからクォークやグルーオンを取り出すことはできない．もしクォークを取り出すことができれば，クォークは$+2/3e$または$-1/3e$という分数電荷をもっているので，分数電荷状態が観測できるはずである．分数電荷状態が発見されれば，単離したクォークを見つけたことになるので，分数電荷状態の探索が非常な精度で懸命に行われたが，今までのと

ころ発見されていない．同様に，単離されたグルーオンも発見されていない．

何故クォークやグルーオンはハドロンから取り出されないのか．それは，強い相互作用は，長距離では強くなるためだと考えられる．

図 4.5 にみるように，QCD の結合定数である α_s 運動量スケール Q が小さくなると大きくなる．量子力学で学んだように，運動量と距離は互いに反比例する関係にあるので，Q が小さいことは距離が大きいことに対応する．つまり，強い相互作用は，長距離では強くなる．

図 4.5 の理論曲線は，QCD の摂動法によって計算されている．Q が小さくなると α_s が大きくなって，摂動計算は収束しなくなるから，$Q < 1$ GeV での α_s の振る舞いは摂動論ではわからない．しかし，格子 QCD 計算を使えば，Q が小さいところ，すなわち長距離でクォークやグルーオン間にはたらく力の振る舞いを計算することができる．

格子 QCD 計算による「閉じ込め」ポテンシャル

図 5.1 は格子 QCD 計算によってクォークと反クォークの間にはたらく静的なポテンシャルを計算した例である．横軸はクォーク・反クォーク間の距離 r で，縦軸はポテンシャルエネルギー $V(r)$．長距離では，クォーク間の距離に比例してポテンシャルエネルギーが大きくなっているのが見える．図上の曲線は，

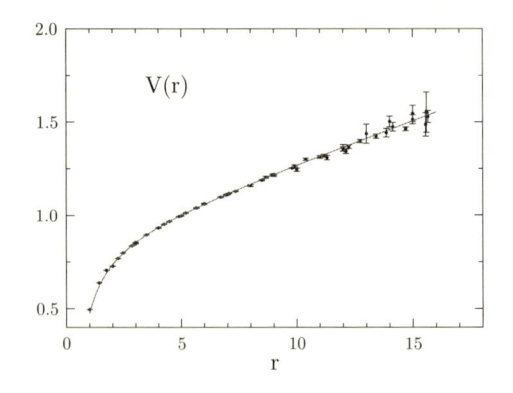

図 **5.1** クォークと反クォークの間にはたらく静的なポテンシャル．格子 QCD 計算により計算された．出典：CP-PACS Collaboration, Physical Review D79, 034503 (2009).

この格子 QCD 計算結果に，

$$V(r) = V_0 - \frac{\alpha}{r} + \sigma_0 r$$

という関数をフィットした結果である．格子 QCD 計算でのポテンシャルエネルギーはこの関数形に非常に良く合っている．これは，クォーク・反クォーク間のポテンシャルは，短距離では電磁気のクーロン・ポテンシャルと同じ $1/r$ になり，長距離では距離 r に比例することを示している．

このままクォークと反クォークを引き離そうとすると，無限のエネルギーが必要になる．無限のエネルギーを与えることはできないので，これは，クォークと反クォークを引き離すことはできないことを意味している．言い換えると，クォークは「閉じ込められている」．クォークの閉じ込めは数学的に証明されたわけではないが，格子 QCD 計算の結果は閉じ込めが起こることを示している．

5.2　カイラル対称性

クォークはスピン 1/2 の粒子，つまりフェルミオンである．スピン 1/2 の粒子は，そのスピンの向きが進行方向に対して同じであるか，逆向きであるかの二つの場合がある．スピンの向きと進行方向が同じ場合を「右巻き」，逆向きの場合を「左巻き」という．右ねじを右巻きに回すと前進し，左巻きに回すと後進することへのアナロジーからこういう呼び方をする．つまり，クォークはそのスピンの向きによって，右巻き成分と左巻き成分に分けることができる．

表 2.2（14 ページ）にあるように，クォークは質量をもつ．しかし，陽子や中性子を作っている u クォークと d クォークの質量はそれぞれ約 2 MeV と約 5 MeV と，QCD のエネルギー・スケールである $\Lambda_{\mathrm{QCD}} \approx 200$ MeV に比べてははるかに小さい．このため，u, d クォークの質量は近似的にゼロであると考えることができる．

質量がゼロの粒子は，どの慣性系で観ても光速で運動し，決して静止することがない（26 ページ参照）．このため，質量ゼロのスピン 1/2 粒子のスピンが右巻きか左巻きかは，どの慣性系で見ても変わらない．これは，質量がゼロの場合，そのスピンが右巻きか左巻きかは，粒子に固有な属性であることを意味し

ている.このスピンが右巻きか左巻きかという属性は,「カイラリティー」とよばれている.

　質量がゼロでない場合は,粒子の速度は光速を超えることがない.だからその速度より早い速度で追いかけることができる.このとき,粒子のスピンの向きは変わらないが,その見かけの運動方向は反転する.つまり右巻き粒子だったものが,左巻き粒子に見えるようになる.一方,質量ゼロの粒子は常に光速で運動しているため,決して追い抜くことはできない.カイラリティーはどの慣性系で見ても変わらないので,カイラリティーという属性を考えることが意味をもつ.

　以下,uクォークとdクォークの質量はゼロであるとしよう.また,簡単のため,u, dクォーク以外のクォークは考えないことにする.つまり,質量がゼロのu, dクォークだけがあるという単純化したQCD理論を考える.この単純化したQCDのラグランジアンは,

$$\begin{aligned}\mathcal{L}_{\text{QCD}} &= \bar{u}_a(i\gamma^\mu\partial_\mu)u_a + g_s\bar{u}_a\gamma^\mu T^A_{ab}u_b G^A_\mu \\ &+ \bar{d}_a(i\gamma^\mu\partial_\mu)d_a + g_s\bar{d}_a\gamma^\mu T^A_{ab}d_b G^A_\mu \\ &- \frac{1}{4}G^A_{\mu\nu}G^{A\mu\nu}\end{aligned}$$

となる.ここで,a, b, Aはカラーの添え字で,2度出てきたものは和を取る約束である.このとき,クォークの右巻き成分と左巻成分を分けて考えることができる.右巻き成分にはR,左巻き成分にはLという添え字をつけることにすれば,u, dクォークを以下のように分解することができる.

$$u = u_R + u_L$$
$$d = d_R + d_R$$

ここで,例えばu_Lは左巻のuクォークである.反粒子にすると,スピンの向きは逆転するので,u_Lの反粒子$\bar{u}_L$は右巻きの反uクォークになる(右巻きなのだから,$\bar{u}_R$と書くべきではないかと思う読者もいるかもしれないが,反粒子のR, Lの添え字は,対応する粒子の右巻き・左巻きでこのように表すのが慣例).分解後のu_L, u_Rなどを使ってラグランジアンを書き直すと,

$$\begin{aligned}
\mathcal{L}_{\text{QCD}} =\ & \bar{u}_{La}(i\gamma^{\mu}\partial_{\mu})u_{La} + g_s\bar{u}_{La}\gamma^{\mu}T^A_{ab}u_{Lb}G^A_{\mu} \\
& + \bar{u}_{Ra}(i\gamma^{\mu}\partial_{\mu})u_{Ra} + g_s\bar{u}_{Ra}\gamma^{\mu}T^A_{ab}u_{Rb}G^A_{\mu} \\
& + \bar{d}_{La}(i\gamma^{\mu}\partial_{\mu})d_{La} + g_s\bar{d}_{La}\gamma^{\mu}T^A_{ab}d_{Lb}G^A_{\mu} \\
& + \bar{d}_{Ra}(i\gamma^{\mu}\partial_{\mu})d_{Ra} + g_s\bar{d}_{Ra}\gamma^{\mu}T^A_{ab}d_{Rb}G^A_{\mu} \\
& - \frac{1}{4}G^A_{\mu\nu}G^{A\mu\nu}. && (5.1)
\end{aligned}$$

ここからが重要である：この単純化した QCD 理論では，クォークのカイラリティー（右巻きか，左巻きかという属性）は，相互作用の前後で変わらない．ラグランジアンの，$g_s\bar{u}_{La}\gamma^{\mu}T^A_{ab}u_{Lb}G^A_{\mu}$ などの項はクォークとグルーオンの相互作用を表している．例えば，この項は，左巻きの u クォークがグルーオンを吸収したり，放出したりして左巻きの u クォークになるという過程を表す．同様に，$g_s\bar{d}_{Ra}\gamma^{\mu}T^A_{ab}d_{Rb}G^A_{\mu}$ は右巻きの d クォークがグルーオンを吸収したり，放出したりして右巻きの d クォークになるという過程を表す．このように，式 (5.1) に含まれる相互作用項はすべてカイラリティーを変えない．右巻きクォークがグルーオンを吸収または放出して右巻きクォークになるか，左巻きクォークがグルーオンを吸収または放出して左巻きクォークになる項しか含まれていない．したがって，相互作用の前後でクォークのカイラリティーは変わらない．$\bar{u}_{La}(i\gamma^{\mu}\partial_{\mu})u_{La}$ などの，自由なクォークの運動を表す部分もカイラリティーを変えない．つまり，クォーク質量がゼロであれば，クォークのカイラリティーは，常に変わらない．

右巻きクォークはいつまでも右巻きのままであり，左巻きクォークはいつまでも左巻きのままになる．右巻き成分と左巻き成分は完全に独立に振る舞う．この単純化した QCD 理論では，もともとは u, d という二つのクォークがあると考えていた．しかし，u クォークは実は u_R と u_L という二つの独立した粒子で，d クォークも d_R, d_L という二つの独立した粒子だとみることができる．この見方では，u, d という二つのクォークではなく，u_R, u_L, d_R, d_L という 4 つの粒子があることになる．

読者のなかには，「何故，右巻きと左巻きを区別するの必要があるのか」という疑問をもつ方もいるのではないか．それは，自然は右巻き粒子と左巻き粒子を区別しているからである．2.2 節で説明したように，素粒子の標準モデルは，

電磁相互作用 QED と強い相互作用 QCD と「弱い相互作用」から成り立っている．QED と QCD は右巻き粒子と左巻粒子を区別せず，両者にまったく同じように作用する．しかし，弱い相互作用は左巻き粒子にしか作用しない．弱い相互作用は W 粒子と Z 粒子によって媒介されるが，このどちらも左巻きのクォークか左巻きのレプトンにしか相互作用しない．自然は右巻き粒子と左巻き粒子を明らかに区別しているのである．

この単純化した QCD 理論では，右巻きクォーク同士，左巻きクォーク同士について，次のような「回転」を独立にほどこすことができる．

$$\begin{pmatrix} u'_R \\ d'_R \end{pmatrix} = \begin{pmatrix} U^R_{uu} & U^R_{ud} \\ U^R_{du} & U^R_{dd} \end{pmatrix} \begin{pmatrix} u_R \\ d_R \end{pmatrix}$$

$$\begin{pmatrix} u'_L \\ d'_L \end{pmatrix} = \begin{pmatrix} U^L_{uu} & U^L_{ud} \\ U^L_{du} & U^L_{dd} \end{pmatrix} \begin{pmatrix} u_L \\ d_L \end{pmatrix}$$

ここで，U^R, U^L は行列式が 1 のユニタリ行列で，それぞれ，右巻きクォークと左巻きクォークの種類（フレーバー）間の「回転」変換を表している．実際，上の変換を式 (5.1) のラグランジアンにほどこしても，ラグランジアンは変化しないことを示すことができる．この，「右巻きクォークと左巻きクォークの種類を独立に変換できる」という対称性を「カイラル対称性」とよぶ．

「右巻きと左巻きのクォークを独立に回転するというが，それにはどんな意味があるのか．式の上では，確かに独立に回転できるのかもしれないが，そんな回転対称性は，現実世界では，どこにも見えないではないか．」という疑問をもつ方もいるのではないかと思う．実際，カイラル対称性は，「回転対称性」とか「鏡映対称性」などと違い，直接目に見えるわけではない．しかも，次に説明するように，このカイラル対称性は「自発的に破れている」．自発的に破れているために，この対称性はあからさまには見えない．しかし，このカイラル対称性とその自発的な破れは，QCD の非常に重要な性質であり，QCD が低エネルギーでもつ性質の多くがそれから導かれるのである．

5.3　対称性の自発的破れ

「対称性の自発的破れ」とは，力学系が本来もっている対称性を，その基底

状態（エネルギーが最低の状態）が破っていることをいう．

「それって，どういう意味なの」と疑問をもたれた方もいるのではないかと思う．実際,「対称性の自発的破れ」はわかりにくい概念である．南部陽一郎博士が,「対称性の自発的破れ」の理論を生み出した業績により，2008年のノーベル賞を受賞した．そのとき，新聞などに「対称性の自発的破れ」についての解説がされたが，一般の方でそれが理解できた方は少なかったようである．

抽象的な議論をすると，ますますわからなくなるので，具体例として，磁石を使って説明する．磁石は，ミクロにみると，非常に小さな棒磁石の集合体であると考えられる．強磁性体では，隣り合うミクロ磁石のN極とS極の向きが同じになる力がはたらく．ミクロ磁石の向きが同じになると，エネルギーが低くなる．ミクロ磁石の向きが全部揃うと，系全体のエネルギーが一番低くなる．図5.2の左図は，ミクロ磁石の向きが上に揃った状態を表している．向きが揃う結果，自発磁化が生じる．これが強磁性体の自発磁化である．

このとき，もともと系がもっていた対称性が破れている．ミクロ磁石が単体であるときは，空間に特定の方向がないので，その向きはどこを向いてもよい．つまり，空間の回転に対する対称性をもっている．多くのミクロ磁石を集めても，この回転対称性は残っているはずである．ところが，ミクロ磁石の向きが揃うことで，空間に特定の方向が生じ，もともとあった回転対称性が破れる．

何故このようなことが起こるかといえば，回転対称性を保った状態はエネルギー的に損で，不安定だからである．系全体としては，ミクロ磁石の向きが揃い対称性が破れている状態が，エネルギーが一番低い状態，つまり基底状態に

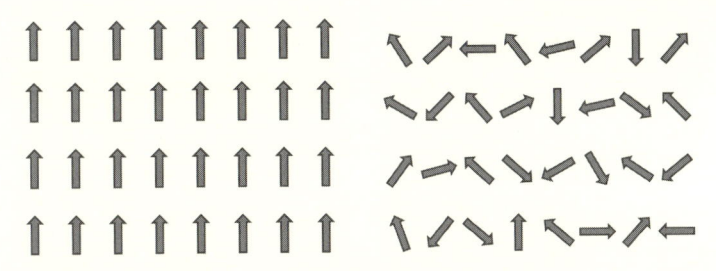

図5.2 磁石のミクロな構造．ミクロ磁石をS極からN極へ向かう矢印で表している．左図では，ミクロ磁石の向きが揃っているので，自発磁化が生じている．右図ではミクロ磁石のの向きがバラバラで，自発磁化がない．

なっている．このため，エネルギー的に得な基底状態が実現する．

このように，力学系が本来もっている対称性が，その系の基底状態で破れる現象を「対称性の自発的な破れ」とよぶ．「自発的」という言葉がつくのは，対称性の破れが，力学系内部の相互作用の結果，外力によって強制されたわけではないのに，自然に「自発的に」引き起こされているためである．例えば，磁性体に外部から磁場をかけると，その磁場の向きにミクロ磁石は揃う．外部磁場の方向に向いたほうがエネルギー的に得だからである．この場合は「外部磁場」の向きが，特定の空間方向を指定しているので，回転対称性が始めから失われている．外部磁場という外力が，対称性をあからさまに破っている．この場合は「自発的破れ」とはいわない．

「対称性の自発的破れ」が生じる場合，基底状態は一つではない．左図では，ミクロ磁石の向きはすべて上に揃っているが，すべて右に揃っている状態も，下に揃っている状態も基底状態である．どの向きに揃っていても，エネルギー的には同じ基底状態になる．系が本来もっていた回転対称性を反映して，エネルギー的に等価な基底状態が無限に存在する．回転のような連続的な対称性が自発的に破れるときは，このように無限にある基底状態の一つが，偶然に選ばれて実現する．

この例の場合，自発的に破れた対称性を回復することができる．温度を上げていくと，熱運動がミクロ磁石の向きをバラバラにしようとする効果が大きくなる．ある温度を超えると，「ミクロ磁石の向きをバラバラにしようとする熱運動の効果」が，「ミクロ磁石の向きを揃えようとする相互作用の効果」を上まわるようになる．その結果，ミクロ磁石の向きはバラバラになり，自発磁化が消滅する．実際，強磁性体は，ある温度（キュリー温度）以上になると，自発磁化を失い，常磁性対になる．図5.2の右の図は，この対称性が回復した状態を表している．これは，高温において「対称性の自発的破れ」が回復する例である．

ここでは，磁石を例にして，「対称性の自発的破れ」を説明した．磁石以外でも「対称性の自発的破れ」の例は，超伝導など非常に多くみられる．

対称性の自発的破れは，相転移と関係している．上の例では，低温状態では対称性が自発的に破れ，強磁性体になっている．高温になると，対称性が回復して，常磁性体になる．この強磁性体から常磁性体（逆に常磁性体から強磁性体）への変化は，相転移である．

一般に，相転移が起こるとき，対称性が自発的に破れたり回復したりする．最初に相転移の例として挙げた，「固体の氷」，「液体の水」，「気体の水蒸気」という水の三態の間の相転移でも，対称性の自発的破れが起きている．例えば，氷では，結晶構造が生まれているので，空間の並進対称性や回転対称性が失われている．

5.4 カイラル対称性の自発的破れとクォーク凝縮

クォークの質量がゼロのとき，QCDがカイラル対称性をもつことを説明した．現実のクォークの質量はゼロではないが，u, dクォークの質量は約2 MeVと約5 MeVと非常に小さいので，カイラル対称性は近似的に成り立っていると考えられる．しかし，QCDのカイラル対称性は目に見えて直接わかる形では観測できない．それは，カイラル対称性が自発的に破れているためである．

強い相互作用でカイラル対称性の自発的破れは，南部陽一郎博士により提唱された．前述したように，南部博士はこの業績により2008年のノーベル物理学賞を受賞した．

南部博士は，カイラル対称性の破れの理論を，超伝導現象を説明するBCS理論とのアナロジーで考案した．超伝導の理論であるBCS理論[1]では，二つの電子がクーパー対とよばれるスピン0で運動量0の対（ペア）を作る．このクーパー対が，最低エネルギー状態に凝縮することで，超伝導が生み出される．クーパー対の摩擦のない流れによって，電気抵抗がゼロの電流が流れるのが超伝導現象である．

これと同様に，QCDの低温相では，クォークと反クォークがスピンゼロの対を作り，このクォーク対が凝縮して「クォーク凝縮」を生み出す．その結果，カイラル対称性が自発的に破れる[2]．

「南部・ゴールドストーンの定理」によれば，回転やカイラル対称性のような

---

[1] バーディーン，クーパー，シュリーファーの3人によって1957年に提唱された超伝導を微視的に解明した理論．3人の名前の頭文字からBCS理論とよばれる．3人はこの業績により1972年のノーベル物理学賞を受賞

[2] 超伝導の場合は，電磁気のゲージ対称性が自発的に破れ，光子が実効質量を獲得する．このため電磁場は超伝導体内に進入できなくなる「マイスナー効果」が起こる．QCDの場合は，超伝導と異なり，ゲージ対称性が破れるわけではない．

連続的な対称性が自発的に破れる場合には，質量がゼロの粒子が生まれる．連続的対称性の自発的破れが起こる場合は，無限の基底状態が存在する．その無限の基底状態に一つが，偶然に選ばれて実現する．基底状態とは，「エネルギーが最低の状態」のことなので，この無限にある基底状態のエネルギーレベルはすべて等しい．つまり一つの基底状態から別の基底状態へ移るのにエネルギーを必要としない．一つ基底状態から別の基底状態へ移る自由度は，量子力学的には粒子となる．基底状態間のエネルギー差がないので，この粒子を生み出すのにエネルギーは必要としない．エネルギーと質量は同じものなので，これは，この粒子の質量はゼロであることを意味する．この質量ゼロの粒子は，「南部・ゴールドストーン・ボゾン」とよばれる．

南部博士は，π 中間子が，カイラル対称性が自発的に破れることによって生まれる質量ゼロの粒子であると考えた．π の質量約 140 MeV は，ほかのメソンが約 550 MeV 以上あり，核子が約 1 GeV あるのにに比べて非常に小さい．質量がこのように小さい理由は，π が南部・ゴールドストーン・ボゾンだからだと考えられる．

「π の質量が軽いからといって，ゼロではないではないか．南部・ゴールドストーン・ボゾンの質量はゼロではないのか」という疑問をもつ方もいるであろう．π の質量がゼロでないのは，u, d クォークに小さいながら質量があり，その結果カイラル対称性がわずかだがあからさまに破れているためである．

QCD ラグランジアンのクォーク質量項は

$$\mathcal{L}_m = -m_u \bar{u} u - m_d \bar{d} d$$

という形をしている．ここで m_u, m_d はそれぞれ u, d クォークの質量である（カイラル対称性が近似的に非常に良く成り立つのは u, d クォークだけなので u, d 以外のクォークは考えないことにする）．このクォーク質量項を，u, d クォークの右巻きと左巻きに分けて書き直すと

$$\mathcal{L}_m = -m_u(\bar{u}_R u_L + \bar{u}_L u_R) - m_d(\bar{d}_R d_L + \bar{d}_L d_R)$$

となる．これは添え字 L についた左巻きクォークと添え字 R のついた右巻きクォークがクォーク質量を結合定数として結びついていることを示す．$m_u \bar{u}_R u_L$

を摂動項とみて，それに対応するファインマン規則を求めると，これが $u_L \to u_R$ という遷移を引き起こす項であることがわかる．これは，u_L と u_R が混じり，L と R が独立しているというカイラル対称性が成り立たなくなることを意味する．つまり，クォーク質量項はカイラル対称性をあからさまに破るはたらきをする．

クォーク質量項を摂動として取り入れた理論計算によると，π の質量 m_π とクォーク質量の間には以下の関係（ゲルマン・オークス・レンナー関係式）が成り立つ．

$$f_\pi^2 m_\pi^2 = -(\langle \bar{u}u \rangle + \langle \bar{d}d \rangle)(m_u + m_d)$$

ここで，f_π は，$\pi \to \mu\nu$ という崩壊過程の強度を表す π の崩壊定数で，約 130 MeV である．$\langle \bar{u}u \rangle$，$\langle \bar{d}d \rangle$ はそれぞれ u, d クォークの「クォーク凝縮」の「真空期待値」で，m_u と m_d は u, d クォークの質量である．この式をみてわかるように，$m_u = m_d = 0$ であれば右辺は 0 になる．カイラル対称性が自発的に破れていると，$f_\pi \neq 0$ になるので，$m_\pi = 0$ となる．つまり，u, d クォークの質量がゼロの場合は π の質量は 0 になり，π がカイラル対称性の破れに伴う「南部・ゴールドストーン・ボゾン」であることがわかる．

クォーク凝縮や自発的対称性の破れは非摂動的な現象なので，摂動論でこれを導くことはできない．しかし，QCD で「クォーク凝縮」が生じることは，格子 QCD 計算によって確認されている．最近の格子 QCD 計算によると，クォーク凝縮の値は $\langle \bar{q}q \rangle (\equiv (\langle \bar{u}u \rangle + \langle \bar{d}d \rangle)/2) \approx -[250 \text{ MeV}]^3$ と求められている[3]．「何もない」はずの空間は，実は「クォーク凝縮」によって満たされているのである．

超伝導は，温度が上がると壊れる．クーパー対が割れて，対称性が回復するからである．同様に，高温で，クォーク凝縮が融解して，カイラル対称性が回復する．QGP はそのカイラル対称性が回復した状態でもある．

5.5 QCD の相構造

格子 QCD 計算は，温度ゼロでは，クォークとグルーオンの閉じ込めが起こ

---

[3] 例えば，H. Fukaya et al., Physical Review Letter 104, 122002(2010) では $\langle \bar{q}q \rangle = -[242 \pm 4^{+19}_{-18} \text{ MeV}]^3$．

き，カイラル対称性が自発的に破れることを数値的に示している．しかし，非常な高バリオン密度や高温状態ではどうなるだろうか．

核子数密度の高い場合

まず核子数密度の高い場合を考えよう．質量数 A の原子核の半径は $r = 1.2A^{1/3}$ fm である．これは原子核内の核子密度が約 0.2 核子/fm^3 であることを意味している．一方核子自身の大きさは半径 $r = 0.8$ fm^3 なので，その体積は約 2 fm^3 になる．すると，原子核の体積の約 40%を核子自体で占めていることになる．つまり原子核は核子がほとんど接するようにぎっしり詰まった状態なのである．

原子核より 2.5 倍以上の高バリオン密度物質があれば，その物質で核子自体の占める体積は 100% 以上になる．このような高バリオン密度物質中では核子はその隣り合う核子と重なり合ってしまうはずである．このとき，ある核子のなかにあったクォークやグルーオンは，隣の核子へ移動していくことができると考えらえる．そもそもこうしたクォークやグルーオンは，自分がどの核子に属しているかわからなくなっているはずである．この状態では，クォークやグルーオンはもはや特定の核子のなかに閉じ込められてはおらず，高バリオン密度物質全体のなかを動き回るようになると予想される．

高温の場合

非常に高い温度でも似たようなことが起こると予想できる．高温状態のモデルとして，簡単のために，相互作用をしない π からなるガスを考えよう．π はスピン 0 の粒子なので，ボーズ統計に従う．統計力学によれば，温度 T のボーズ粒子の密度分布 n とエネルギー密度分布 ε は以下のようになる[4]．

$$n = \int \frac{d^3p}{(2\pi)^3} \frac{1}{e^{E/T} - 1}$$

$$\varepsilon = \int \frac{d^3p}{(2\pi)^3} \frac{E}{e^{E/T} - 1}$$

$$E = \sqrt{p^2 + m_\pi^2}$$

---

[4] 温度の単位としてはエネルギーを使っているので，ボルツマン係数 k_B は式に現れない．

π の質量 m_π は約 140 MeV だが，問題を簡単するためにこれを 0 として近似して計算すると，$E = p = \sqrt{p_x^2 + p_y^2 + p_z^2}$ となるから

$$n = \frac{T^3}{(2\pi)^3} \int \frac{d^3 x}{e^x - 1} \approx 0.122 T^3$$

$$\varepsilon = \frac{T^4}{(2\pi)^3} \int d^3 x \frac{x}{e^x - 1} = \frac{\pi^2}{30} T^4$$

表 2.1（9 ページ）に示したように，π には π^+, π^0, π^- の 3 種類がある．温度 T ではこのそれぞれが約 $0.122 T^3$ 個の密度をもつのでその和は $n = 0.366 T^3$ となる．自然単位系から通常単位への換算（18 ページ）を使うと，これは $n = 0.366 \times (T/0.197 \text{ GeV})^3$ 個/fm^3 になる．一方，π の半径は $\sqrt{\langle r^2 \rangle} \approx 0.672 \pm 0.008$ fm と測定されているので，その 1 個分の体積は約 1.3 fm^3 になる．$T = 197$ MeV とすると，π が占める体積の割合は $0.366/\text{fm}^3 \times 1.3 \text{ fm}^3 = 0.48$ となり，空間の約 50% が π の体積で占められてしまう．温度 260 MeV 以上では π の体積が空間の 100% を超える．このような状態では，π を作っているクォークや反クォークやグルーオンは，自分がどの π に属しているかわからなくなるはずである．

クォーク・グルーオン・プラズマ状態

このように，非常に核子密度の高い状態や非常に高温の状態では，クォークやグルーオンがもはや個々のハドロン内に閉じ込めらなくなると予想される．そこではクォークやグルーオンが広い空間を動き回る新しい物質形態が生まれると考えらえる．1970 年代の半ば，QCD が強い相互作用の理論として提唱されてまもなくこうした理論予想がされ，このクォークとグルーオンからなる新物質にクォーク・グルーオン・プラズマ（QGP）という名前が提唱された．

図 5.3 はこの予想を図式化したものである．図の左に原子核の内部にある通常の核物質の状態を示している．ここではクォークやグルーオンは核子のなかに閉じ込められている．これを圧縮または加熱すると核子同士やハドロン同士が重なりあるようになるために，核子はハドロンは存在できなくなり，クォークやグルーオンからなる新しい物質相 QGP になるのである．

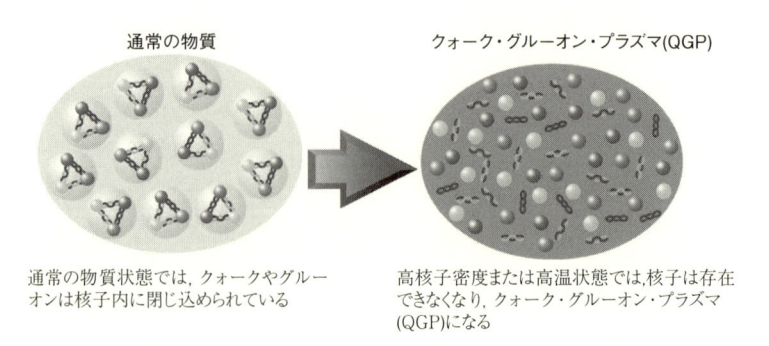

図 5.3 通常物質（左）とクォーク・グルーオン・プラズマ．

H_2O の相図

　温度や密度などによって，物質の様相が変わることを相転移という．身近な相転移としては水 (H_2O) の相転移がある．水は，「液体の水」，「固体の氷」，「気体の水蒸気」という3つの相をもつ．水は温度と圧力によって，これら3つの相間を移り変わる．例えば，温度を上げると氷が解けて水になり，水が沸騰して水蒸気になる．これらは相転移の例である．

　温度，圧力などの条件と，その条件で物質がとる相の関係を示した図を相図または状態図という．図5.4の左に水の相図を示す．図の縦軸は温度で，横軸は圧力．温度と圧力で水が固体，液体，気体のどの相にあるかが示されている．

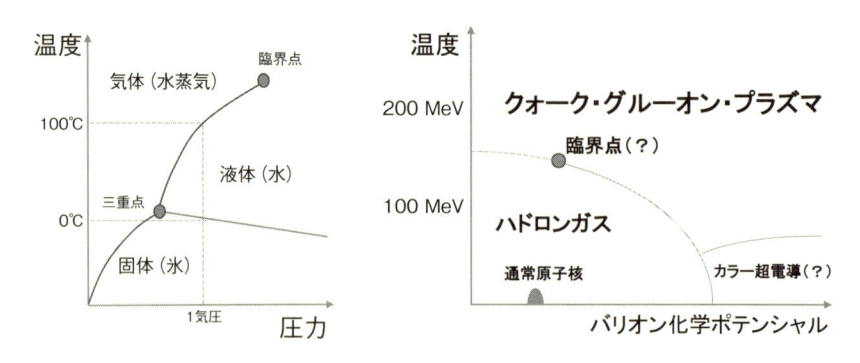

図 5.4　左：水 (H_2O) の相図．右：QCD の相図．

QCD の相図

これと同じように，QCD の場についても相図を考えることができる．クォーク場とグルーオン場は強く相互作用しているので，それを分けて考えることはできない．クォーク場とグルーオン場を一体のものとして，QCD 場として考える．図 5.4 の右側に，理論的に予想される QCD 場の相図を示す．この図の横軸の「バリオン化学ポテンシャル」は単位体積に存在するバリオンの数から反バリオンの数を引いた，正味のバリオン数密度に相当する（133 ページ参照）．

ここには，高温または高バリオン数密度（＝高核子密度）では QGP という別の物質相になるという理論予想が表現されている．この相図には，通常のハドロンからなる物質（「ハドロン・ガス」）と QGP 相に加えて低温で高バリオン密度状態のところに「カラー超伝導 (?)」という相があるが，これは最近の理論から予想されている第 3 の相である．これについては理論的にはまだ不確かなことが多く，また実験的には確認されていないので，(?) をつけている．このカラー超伝導相のところにさらにいくつかの相を予想している理論もある．

2000 年までは，ここに示した QCD 相図全体が理論予想だった．QGP 相についても，それが実際に存在するという実験的な証拠はなかった．現在では，QGP 相を重イオン衝突実験で作れるようになり，また格子 QCD による第一原理計算によって，核子密度がゼロの場合はハドロン相から QGP への「相転移」が起こることが示されている．

5.6　MIT バッグ・モデルによる QCD 相転移の推定

ハドロン・ガス相から QGP への相転移を現象論的なモデルである MIT バッグ・モデルで取り扱ってみよう．

MIT バッグ・モデルは，1970 年代にマサチューセッツ工科大学 (MIT) の研究者により提唱された，ハドロンの性質を記述する現象論的モデルある．このモデルでは，ハドロンの内部と外部では空間あるいは真空の性質が異なると考える．ハドロン内部の空間は「摂動論的真空」であって，その内部ではクォークやグルーオンが動き回ることができ，カラー電磁場が存在することができる．一方，ハドロンの外の通常の空間は「非摂動論的真空」であって，ここにはクォー

クもグルーオンもカラー電磁場も存在することができない．「非摂動的真空」はカラー電磁場を排斥する性質があると考えるのである．ハドロンは非摂動的真空（＝通常の真空）のなかにある摂動的真空の小さな袋（Bag バッグ）になるので，バッグ・モデルとよばれる（図 5.5 参照）．

電磁気学で学んだように，電磁場はエネルギー密度をもつ．電場 E，磁場 B があるときの電磁場のエネルギー密度は $(E^2+B^2)/2$ になる．同様に，カラー電磁場もエネルギー密度をもつ．ハドロン内部の「摂動論的真空」はカラー電磁場で満たされているから，そのカラー電磁場のもつエネルギー密度の分だけ，ハドロン外部の通常の真空よりもエネルギー密度が高くなる．バッグ・モデルではこのハドロン内外の真空のエネルギー密度の差を B として，これをバッグ定数という．

こうした非常に単純なモデルでハドロンの質量とその大きさを大まかに説明できる．ハドロンの質量は，クォークの質量を無視すると

$$E = VB + c\frac{n_q}{R} = \frac{4\pi}{3}BR^3 + c\frac{n_q}{R}$$

ここで，c は境界条件で決まる定数で，基底状態では $c \simeq 2$ になる．n_q はクォークの数で，バリオンの場合は 3，メソンの場合は 2 である．E を最小とする条件 $dE/dR = 0$ から，ハドロンの半径 R_h と質量 M_h が以下のように求まる．

$$R_h = \left(\frac{cn_q}{4\pi B}\right)^{1/4}$$

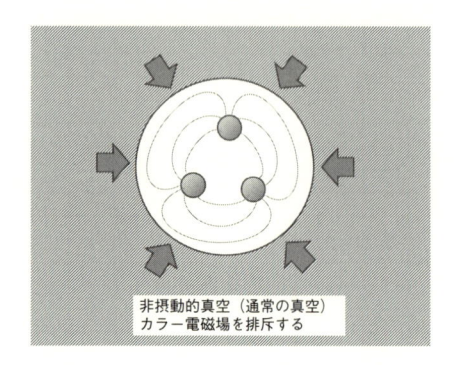

図 5.5　バッグ・モデルでのハドロン内外の真空のイメージ．ハドロン内部は摂動真空で，そのなかにカラー電磁場は閉じ込められている．ハドロン外部は非摂動的真空で，カラー電磁場を遮蔽している．摂動真空のほうがエネルギー密度が高いので，圧力がかかっている．

5.6 MIT バッグ・モデルによる QCD 相転移の推定

$$M_h = \frac{4}{3}(4\pi Bc^3 n_q^3)^{1/4}$$

ハドロン質量 M_h として核子と Δ 粒子の質量の平均値をとり,$n_q = 3$ として上の第 2 式を使って B を求めると $B^{1/4} \simeq 110$ MeV になる.このとき R_h は約 1.5 fm と求まる.実測値の 0.8 fm より大きいが,単純なモデルの割には実測値を良く再現している.一方,半径 R_h のほうに合わせて B を求めると $B^{1/4} \simeq 200$ MeV となる.

このバッグ・モデルに基づいて,ハドロン相と QGP 相の相転移を考えよう.まず,自由なクォークとグルーオンのエネルギー密度を計算する.グルーオンの質量は 0 であり,また u, d クォークの質量は小さいのでこれを 0 で近似して計算すると以下のようになる.

$$\varepsilon_g = g_g \int \frac{d^3p}{(2\pi)^3} \frac{E}{e^{E/T} - 1} = g_g \times \frac{\pi^2}{30} T^4$$

$$\varepsilon_q = g_q \int \frac{d^3p}{(2\pi)^3} \frac{E}{e^{E/T} + 1} = q_q \times \frac{7}{8} \times \frac{\pi^2}{30} T^4$$

ここで ε_g はグルーオンのエネルギー密度,ε_q はクォークのエネルギー密度である.g_g はグルーオンの自由度で,グルーオンにはスピンの自由度が 2,カラーの自由度が 8 あるので,合わせて $g_g = 2 \times 8 = 16$ となる.g_q はクォークの自由度である.u, d などのクォークの種類ごとにその自由度を数えるとスピンの自由度が 2,粒子と反粒子の自由度が 2,カラーの自由度が 3 あるので,その自由度は $2 \times 2 \times 3 = 12$ になる.したがって,一番軽い u, d, s の 2 種類だけを考えると $g_q = 3 \times 12 = 36$ になる.

これから,自由なクォークとグルーオンからなるガスのエネルギー密度と圧力は

$$\varepsilon = (16 + 36 \times \frac{7}{8}) \times \frac{\pi^2}{30} T^4 = 47.5 \times \frac{\pi^2}{30} T^4$$

$$P = \frac{1}{3}\varepsilon = 47.5 \times \frac{\pi^2}{90} T^4.$$

バッグ・モデルでの QGP 相のエネルギー密度と圧力は,これにバッグ定数 B の効果が加わり,以下のようになる.

$$\varepsilon_{\text{QGP}} = 47.5 \times \frac{\pi^2}{30} T^4 + B$$

$$P_{\text{QGP}} = 47.5 \times \frac{\pi^2}{90}T^4 - B.$$

エネルギー密度にバッグ定数 B が足されているのは，バッグ・モデルでは摂動論的真空のエネルギー密度は通常真空よりも B だけ高いためである．これは同時に摂動論的真空の体積を小さくしようとする負の圧力を生み出す．圧力の式の第 2 項 $-B$ はこの負の圧力を表している．

一方，ハドロン相のエネルギー密度と圧力は，π からなる自由ガスとして計算すると，

$$\varepsilon_\pi = 3 \times \frac{\pi^2}{30}T^4$$

$$P_\pi = \frac{1}{3}\varepsilon_\pi = 3 \times \frac{\pi^2}{90}T^4$$

ハドロン相のエネルギー密度は QGP 相に比べて 1/15 程度と非常に小さいことがわかる．

P_{QGP} と P_π の関係を図に書くと図 5.6 の左図になる．低温では，バッグ定数 B による負の圧力で QGP 相の圧力 P_{QGP} はハドロン相の圧力 P_π より低くなるのでハドロン相が実現する．しかし，温度とともに QGP 相の圧力が急激に増加し，高温では $P_{\text{QGP}} > P_\pi$ となるので QGP 相への相転移が起こる．相転移が起こるのは両者の圧力－温度曲線が交差した点で，相転移温度 T_c は条件 $P_\pi = P_{\text{QGP}}$ から

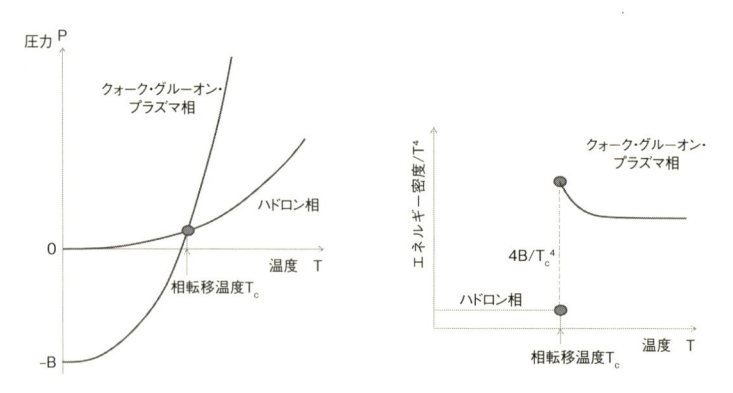

図 5.6 バッグ・モデルの描像に基づく，ハドロン相から QGP 相への相転移．左：圧力と温度の関係．右：エネルギー密度と温度の関係．

$$T_c = \left((47.5-3)\times\frac{\pi^2}{90}\right)^{-1/4} B^{1/4} = 0.673 B^{1/4}$$

と求まる．$B^{1/4} \simeq 200$ MeV とすると $T_c \simeq 130$ MeV となる．

これまでハドロン相の圧力やエネルギー密度を計算するうえで3種類の π だけを考え，それ以外のハドロンの寄与は無視していた．これは π の質量が約 140 MeV とハドロンのなかで一番軽いからである．表 2.1 にあるように，メソンのなかで π の次に重いのは K 中間子（4種類．質量は約 500 MeV）と η（質量約 550 MeV）で π の 3 倍以上重い．バリオンで一番軽いのは核子だが，約 940 MeV もある．上で得られた相転移温度 T_c は π 以外のハドロンの質量に比べて 1/3 以下になる．ハドロンの個数密度は

$$\int \frac{d^3p}{(2\pi)^3}\frac{1}{e^{E/T}\pm 1}$$

だが，ハドロンの質量を M_h とすると $E=\sqrt{M_h^2+p^2}$ なので $M_h \gg T$ のときはその寄与はほぼ $\exp(-M_h/T)$ のように抑制されて非常に小さくなる．これからハドロン相のエネルギー密度や圧力には π の自由度だけを考えるという近似で良かったことがわかる．

図 5.6 の右図は温度とエネルギー密度の関係を示している．エネルギー密度は T^4 に比例するので，図の縦軸はエネルギー密度を T^4 で割った量 ε/T^4 を示している．この値はハドロン相では $\pi^2/10$，クォーク・グルーオン・プラズマ相では $47.5\pi^2/30 + B/T^4$ となる．エネルギー密度は相転移温度 T_c で不連続に変化し，その変化分（潜熱）は $\varepsilon_{\mathrm{QGP}}(T_c) - \varepsilon_\pi(T_c) = 4B$ になる．

5.7 格子 QCD 計算による QCD 相転移

前節でのバッグ・モデルでの相転移温度の推定は，非常に単純な現象論的モデルによるものである．これは QCD の相転移についての直観的な描像を与えるが，その結果については余り信頼できるものではない．また，バッグ・モデル自体が現象論的なモデルであって QCD そのものではないから，これによって QCD の場がハドロン相と QGP 相をもつことを示したことにもならない．前節の議論は，「十分な高温では，クォークとグルーオンに空間が満たされてしま

ので，低温のクォークやグルーオンがハドロン内に閉じ込められたのと違う状態になるはず」という理論的予想をモデルの形で直接的に表現したことになる．

QCD で実際に QGP 状態への「相転移」が起こることは，格子 QCD 計算によって示されている．前節の現象論的な議論と違って，格子 QCD 計算の結果は QCD のラグランジアンから出発した第一原理計算である．本来は連続な空間を格子で近似してはいるが，QCD 理論に忠実な計算なので，十分に小さな格子間隔で十分に大きな体積をもった格子を使い，実際のクォーク質量に近いクォークを使えば，信頼できる結果が得られる．

図 5.7 に格子 QCD 計算によるクォーク・グルーオン場のエネルギー密度の計算例を示す．この計算では，クォークの自由度としては軽い u, d クォークと，少し重い s クォークをいれ，正味のクォーク密度は 0（つまりクォークと反クォークの量が同じ）として計算している．図の縦軸はエネルギー密度$/T^4$ で，これが低温状態（$T < 100$ MeV）の $\varepsilon/T^4 \simeq 1$ から高温状態の $\varepsilon/T^4 \simeq 12$ へと温度 $T \simeq 160$ MeV 付近で急激に増加しているのが見える．前節の図 5.6 の右図で予想したような相転移による急激なエネルギー密度の変化が格子 QCD 計算において示されたわけである．これは，高温状態では低温状態の 10 倍以上のエネルギー密度のある別の物質状態になっていることを示す．

図の上に矢印で SB とあるのは「ステファン・ボルツマンの法則の値」の意味で，先に計算した自由なクォーク・グルーオン・ガスの ε/T^4 の値である．こ

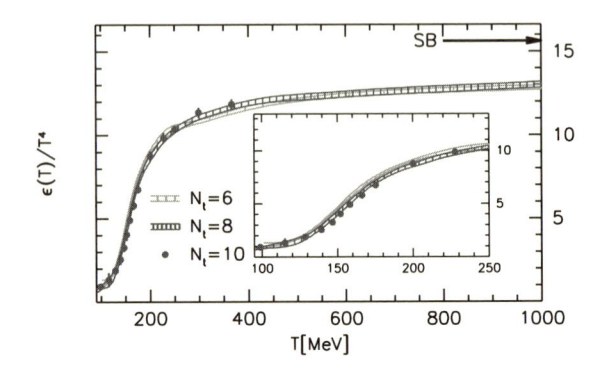

図 5.7 格子 QCD 理論の数値シミュレーションにによる有限温度でのクォーク・グルーオン場のエネルギー密度の計算結果．出典：S. Borsanyi *et al.*, JHEP11 (2010) 077.

の格子 QCD 計算では u, d, s の3クォークの自由度を計算に含めているので，

$$\frac{\varepsilon_{\rm SB}}{T^4} = 16 + 3 \times 12 \times \frac{7}{8} \times \frac{\pi^2}{30} \simeq 15.6$$

となる．格子 QCD 計算の結果は，$T \simeq 350$ MeV で $\varepsilon/T^4 \simeq 12$ なので，これより 2 割ほど低い．これはクォークやグルーオン間の相互作用のために系のエネルギー密度が自由なクォーク・グルーオン・ガスより約 2 割低くなっていることを示している．低温でのエネルギー密度の計算結果は $\varepsilon/T^4 \simeq 1$ で，これは前節でみた自由な π ガスのエネルギー密度の推定値 $\pi^2/10 \simeq 1$ に近い．前節でみた現象論モデルによる計算が，定性的には格子 QCD 計算と同じような結果を出していたことがわかる．

現象論モデルでは，相転移温度でエネルギー密度は不連続に変化する．このように熱力学量が不連続変化を起こす相転移を「一次相転移」という．格子 QCD 計算の結果は，エネルギー密度が 160 MeV 付近で急激に増加しているが，その変化は滑らかである．このように熱力学量の変化が滑らかな場合は，厳密には「相転移」ではなく，「クロスオーバー」という．

格子 QCD 計算の結果は，「QCD 相転移」がクロスオーバーであることを示している．しかし，低温状態と高温状態では実効自由度が 10 倍以上変化していて，高温状態ではそのエネルギー密度が自由クォーク・グルーオン・ガスのエネルギー密度に近いことにみられるように，クォークとグルーオンの自由度が顕在化した状態が実現している．一方，低温状態ではクォークやグルーオンの自由度はみられない．また，この自由度の変化は温度 160 MeV の周りの ±30 MeV 程度で急激に起こっている．厳密には相転移ではないが，一次相転移に近いような状態変化が起きているのである．そこで，今後もこの低温状態から高温状態への変化を「QCD 相転移」とよぶことにする．

「QCD 相転移」はクロスオーバーであるために，「相転移温度」T_c を正確に定義することは難しい．T_c の定義としては，音速 $c_s^2 = \partial p/\partial \varepsilon$ が極小になる温度，自由ガス状態からのずれを示す量である $3p - \varepsilon$ の変曲点，p/ε が最小になる温度などがある．図 5.7 に示した格子 QCD 計算では，これらの温度は 150-160 MeV になる．T_c を 160 MeV とすると，そのエネルギー密度は約 0.5 GeV/fm^3 である．

図 5.4 の右に示した QCD 相図では，図の左側，クォーク密度の低いところで

の QGP 相とハドロンガス相の境界が点線で示されていた．これは，格子 QCD 計算で「QCD 相転移」が連続的なクロスオーバーであることを反映している．技術的な理由により，格子 QCD 計算ではクォーク密度がゼロでない場合の計算をすることが非常に難しい．このため，クォーク密度がゼロでない状態での相図の様子については必ずしも良くわかってはいない．理論的考察から，クォーク密度が高いところでの QCD 相転移は一次相転移になるという予想がある．図 5.4 の QCD 相図で，クォーク密度の高いところでは QGP とハドロンガスの境界が実線で描いてあるのは，この理論予想を反映している．すると，図に示すように，あるところで一次相転移からクロスオーバーへの変化が起こるはずである．この点が「臨界点」である．本当に臨界点があるかどうかはまだ確立していないので，この図で臨界点 (?) と書いている．

ハドロン相から QGP 相への相転移に伴って，QCD 系を特徴づけるほかの重要な性質も変化する．特に，「カイラル対称性の自発的破れ」と「閉じ込め」という，ゼロ温度の QCD 系の特質が変化する．

図 5.8 の左は，クォーク凝縮を温度の関数として計算した例である．低温ではクォーク凝縮がゼロではなく，これは QCD の低温相ではカイラル対称性が自発的に破れることを示している．高温になるとクォーク凝縮はゼロになっている．つまり，カイラル対称性の回復が起こっていることを示している．この計算では，クォーク凝縮の変化は温度 160 MeV 前後の狭い範囲で急激に起こっ

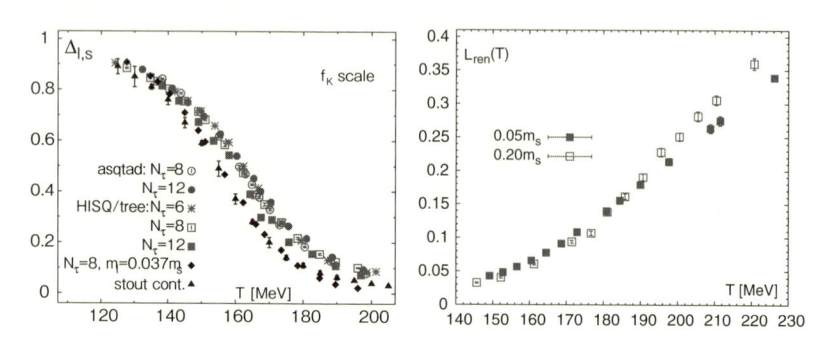

図 **5.8** 格子 QCD 理論の数値シミュレーションによるクォーク凝縮（左）とポリヤコフ・ループ（右）の計算結果．出典：T. Bhattacharya *et a.*, Physical Review D85, 054503 (2012).

ている．

　図の右側は，同じ論文からとった，ポリヤコフ・ループという，「閉じ込め」を特徴づける量の計算例である．ポリヤコフ・ループが 0 であることは，クォークの閉じ込めを意味する．計算は，ポリヤコフ・ループが 150 MeV 付近から急激に大きくなっていくことを示す．これは，高温では「閉じ込め」が破れることを示している．

　こうした格子 QCD 計算は，温度とともに QCD 場の状態が変わることを示している．低温相は，クォーク凝縮が生じ，カイラル対称性が破れて，クォークが閉じ込められたハドロン相であり，それは 3 種類の π からなるガスのように振る舞う．高温では，クォーク凝縮が消滅し，カイラル対称性が回復した QGP 相になる．そこでは，閉じ込めも解消している．QGP 相は，近似的に，8 個のグルーオンと 2+1 個の軽クォーク (u, d, s) からなるガスのようにみえるが，エネルギー密度がステファン・ボルツマン値から 2 割ずれていることは，クォークとグルーオン間の相互作用が残っていることを示す．この変化は，$T = 160$ MeV 付近で急激に起こる．格子 QCD 計算は，ハドロン相から QGP 相への相転移が，温度が約 160 MeV で起こることを示している．

第6章 高エネルギー原子核衝突

　クォーク・グルーオン・プラズマ（QGP）相の存在が理論的に予想されるようになってまもなく，高エネルギー原子核衝突によって，QGPを作り出せるのではないかという予想が生まれた．

　もし人工的にQGPへの相転移を実現できれば，それは格子QCDの予言の非摂動論的領域での検証になり，QCD真空構造の研究・閉じ込め機構の解明に役立つと考えられる．ビッグ・バン直後，数マイクロ秒までの宇宙はQGP相にあったと考えられるので，QGPの実現は，宇宙の初期状態を再現し，その発展を実験的に検証する可能性を開くものになる．これは人工的にマイクロ・ビッグ・バンを作り出し，宇宙創生の初期状態を再現しようという試みである．

　図5.4に示したように，QGP状態は(1)バリオン密度がほとんどゼロの高温状態，または(2)バリオン密度が高い状態で実現すると考えられる．十分大きな空間領域を非常に高温にするか，または非常に高バリオン密度にすることができれば，QGPを作れるはずである．

　粒子加速器で重い原子核を高エネルギーに加速して衝突させれば，広い空間領域を高温または高バリオン密度にできると考えられる．粒子加速器で通常加速されるのは，電子，陽電子や陽子，反陽子などである．電子は素粒子で大きさがゼロであるため，それによって作られる反応領域の大きさもゼロと考えられる．陽子＋陽子衝突や陽子・反陽子衝突反応でも，その反応領域のサイズはハドロンの大きさである1 fm程度と考えられる．一方，重い原子核（A = 200程度）同士の衝突では，半径7 fm程度，容積にして数百 fm^3 の大きさの反応領域ができる．

　衝突エネルギーが核子対あたり数GeVから10 GeV程度のエネルギーで重い原子核同士を正面衝突すると，衝突によって核中の核子はほとんどその運動

エネルギーを失い，重心系でほぼ停止してしまう．このため，核物質が圧縮されて非常に核子密度（正味のクォーク密度）が高い状態が作られるはずである．また，失われた運動エネルギーは熱に変わり，この核物質の温度を上げると考えられる．これにより，図5.4の「臨界点」の右側付近の状態が実現できると期待できる．

エネルギーを上げて，核子対あたりの衝突エネルギーが数十GeV以上になると，衝突原子核同士は互いに相手を通り抜けてしまうようになる．この場合は，原子核が通り抜けた後の空間に衝突原子核が失った運動エネルギーが放出される．もしこの空間に放出されたエネルギーが熱エネルギーになれば，そこにクォーク密度が低い超高温状態が作られる．その温度が「QCD相転移温度」を超えれば，QGPが実現するはずである．この場合は図5.4の縦軸の上のほうの状態が実現できると期待される．

このような期待に基づいて，1980年台の半ばから加速器を用いた原子核衝突実験が始まった．重い原子核＝重いイオンを高いエネルギーに加速して実験するので，高エネルギー重イオン実験ともよばれる．

この章では，高エネルギー原子核衝突実験について解説する．まず，世界の主な重イオン加速器と実験装置を紹介する．次に，核子の構造と核子間衝突反応について解説する．原子核衝突反応を理解するには，核子間衝突をまず理解する必要があるからである．最後に，原子核衝突反応と実験に特有の様々な用語や概念について解説する．

6.1　主な重イオン加速器

表6.1に現在（2013年）までに稼働している主な高エネルギー重イオン加速器をまとめる．表で「固定標的型・衝突型」とあるのは，加速器の方式である．固定標的型加速器では，加速した粒子ビームを固定した標的にあてる．例えば，金ビームを薄い金の板からできた標的にあてる．一方，衝突型加速器では，向かい合わせに加速した二つの粒子ビーム同士を衝突させる．

衝突型加速器のほうが効率的に高い重心系エネルギーを達成することができる．エネルギーEの粒子が質量Mの静止している粒子（標的）に衝突した場

表 6.1 主な重イオン加速器.「重心系エネルギー」とあるのは,核子対あたりの重心系での衝突エネルギー ($\sqrt{s_{NN}}$)

年	加速器	固定標的型/衝突型	重心系エネルギー (GeV)
1986-	BNL AGS	固定標的	5 (金)
1986-	CERN SPS	固定標的	17 (鉛)
2000-	BNL RHIC	衝突型	200 (金)
2011-	CERN LHC	衝突型	2760 (鉛)

合の重心系での衝突エネルギーは $\sqrt{2M(E+M)}$ になる(28 ページ).一方,衝突型加速器の場合,エネルギー E のビーム同士を衝突させるとその全エネルギー $2E$ が重心系エネルギーになる.例えば,エネルギー 100 GeV の陽子ビームを静止した陽子(質量 0.938 GeV)に衝突した場合の重心系での衝突エネルギーは

$$\sqrt{s} = \sqrt{2M_p(M_p + E)} = \sqrt{2 \times 0.938 \times (0.938 + 100)} = 13.8 \text{GeV}.$$

一方,100 GeV の陽子ビーム同士を正面衝突させた場合の衝突エネルギーは 100+100=200 GeV になる.同じビームエネルギーで,衝突型のほうが 10 倍以上大きな衝突エネルギーを実現している.

AGS と SPS

1980 年代の後半に米国ブルックヘブン国立研究所(BNL)の AGS 加速器と欧州原子核研究機構(CERN)の SPS 加速器でそれぞれ核子あたり 15 GeV のシリコンビーム(A=28)と 200 GeV のイオウビーム(A=32)が加速され,それを静止標的にあてることで QGP 探索が開始された.90 年台に半ばには,AGS と SPS でそれぞれ核子あたり 11.6 GeV の金ビーム(A=197)と 158 GeV の鉛ビーム(A=208)による実験が開始された.これらは,重イオンビームを静止標的に衝突させる実験なので,重心系での衝突エネルギーはビームエネルギーに比べては大分小さくなり,AGS で核子対あたり約 5 GeV,SPS で核子あたり約 17 GeV である.

AGS や SPS のエネルギー領域では,中心ラピディティ付近に高いバリオン密度の状態が作られる.もしここで QGP が形成されるとしたら,高バリオン密度の QGP が形成されると考えられる.AGS と SPS では多くの実験が QGP 生成の証拠を探した.筆者も AGS 加速器で最初の重イオンビームが加速され

たときから約 10 年間，AGS で原子核衝突実験に従事した．

現在では，AGS のエネルギーは QGP を生み出すには不十分で，AGS の原子核衝突では高密度のハドロン・ガスが作られると考えられている．一方，SPS の最高エネルギー $\sqrt{s_{NN}} = 17$ GeV では QGP が作られている可能性がある．しかし，その証拠はあまり決定的なものではなかった．SPS で得られたデータのほとんどは，ハドロン・カスケード計算でも再現することができ，QGP ができていないとしても説明できた．

AGS と SPS の実験は QGP の発見にはいたらなかったが，これらの実験の結果，高エネルギー原子核衝突反応についての理解が非常に深まった．これは後に RHIC での原子核衝突実験の結果を理解するうえで非常に役立っている．

RHIC

図 6.1 は米国ブルックヘブン国立研究所の衝突型重イオン加速器 RHIC の航空写真である．RHIC は QGP を作り出し，その性質を研究することを目的と

図 **6.1** RHIC 加速器．（ブルックヘブン国立研究所提供）

して建設された世界最初の重イオン衝突型加速器で，2000 年から稼働し，様々なビームを衝突する重イオン衝突実験が行われている．これまでの実験結果から，RHIC の原子核衝突反応で QGP が生み出されていることが確立している．現在では，QGP の性質を研究するために実験が続けられている．

RHIC 加速器は青リング，黄リングとよばれる周長約 3.8 km の二つの超伝導加速器リングからなる．この二つのリングが 6 ヵ所の衝突点で交差し，そこでビーム同士が衝突角 180° で衝突する．現在，6 ヵ所の衝突点のうち 2 ヵ所で PHENIX と STAR という実験が稼働している．

RHIC では，多くの種類の原子核を加速・衝突させることができる．2000 年に稼働した当初は，加速・衝突できる一番重い原子核は金原子核 Au($Z = 79$, $A=197$) だったが，その後イオン源と初段加速器が改良されたことにより，2011 年からは陽子からウラニウム U($Z = 92$, $A=238$) にいたる原子核を加速することができるようになった．自然に存在する原子核としてはウラン 238 がもっとも重い．また，重陽子 $d(Z = 1, A = 2)$ と金原子核（d+Au 衝突），銅原子核 Cu($Z = 29$, $A=63$) と金原子核（Cu+Au 衝突）のように異なるビーム同士の衝突もできる．これにより，$p+p$ での「素過程」の測定から d+A での通常の原子核効果の研究，$A+A$ 衝突の場合の核子数依存性にいたるまで系統的な研究をすることができる．最高ビームエネルギーは，金原子核で核子あたり 100 GeV，陽子では 255 GeV である．重心系での核子対あたりの衝突エネルギー $\sqrt{s_{NN}}$ はその 2 倍で，それぞれ 200 GeV，510 GeV になる．

LHC

CERN の LHC 加速器は陽子と陽子を高エネルギーで衝突し，素粒子の相互作用を研究するために建設された世界最大・世界最高エネルギーの加速器である．周長約 27 km の巨大な超伝導加速器で，2010 年に $\sqrt{s} = 7$ TeV の陽子＋陽子実験を開始し，それまで米国のフェルミ加速器研究所の陽子＋反陽子衝突型加速器 Tevatron の $\sqrt{s} = 1.96$ TeV を抜いて世界最高エネルギーの加速器となった．2012 年には，衝突エネルギーを $\sqrt{s} = 8$ TeV に上げた．素粒子標準モデルの素粒子のなかで，それまで唯一発見されていなかったヒッグス粒子を 2012 年に発見している．

LHC の主目的は陽子＋陽子衝突だが，1 年間のうち約 1 ヵ月は QGP 研究のため

に重イオン衝突実験を行っている．LHCでは2011年から鉛原子核 Pb($Z = 82$, $A = 208$) 同士の衝突実験が開始された．LHC の鉛＋鉛衝突実験（Pb+Pb 衝突）の衝突エネルギーは核子対あたり2.76 TeV で RHIC の10倍以上に達する．ここでは，RHIC の約3倍のエネルギー密度の QGP が作られている．2012年には，同じエネルギーでの鉛＋鉛衝突実験が行われ，2011年の10倍以上のデータがとられた．2013年には，原子核効果を調べるために，$\sqrt{s_{NN}} = 5.02$ TeV の陽子＋鉛衝突実験が行われた．

LHC は2015年には衝突エネルギーを陽子＋陽子で14 TeV に，鉛＋鉛では5.5 TeV に上げることが予定されている．

6.2　高エネルギー原子核衝突実験

衝突型加速器実験測定器

RHIC や LHC などの衝突型加速器にはいくつかのビーム衝突点があり，そこに衝突反応を測定する装置である「測定器」が置かれる．「測定器」と書くと，小さな装置を連想する人もいるかもしれないが，多く種類の粒子検出器のサブシステムからなる巨大な測定装置である．これが衝突点の周りを取り囲み，衝突点から発生する粒子を測定・記録する．各測定器は，数十人から数千人の国際共同研究チームにより建設され，運営される．慣例で，実験・測定器・実験チームは同じ名前でよばれる．例えば，PHENIX 実験の測定器は PHENIX 測定器とよばれ，実験チームは PHENIX 共同研究と名乗っている．

RHIC には, 2000年の実験開始当初は PHENIX，STAR，PHOBOS，BRAHMS という4つの実験・測定器があった．このうち，PHOBOS と BRHAMS は比較的小規模な実験で，すでに終了している．PHENIX と STAR は大規模実験で，それぞれ約500人のメンバーがいる国際実験チームにより運営されている．

LHC には ALICE，ATLAS，CMS，LHCb，という4つの実験・測定器がある．このうち，ALICE 実験だけが原子核衝突による QGP 研究を主目的にしている実験で，ほかの実験の主目的は陽子＋陽子衝突による素粒子間の相互作用の研究である．ATLAS と CMS は2012年にヒッグス粒子を発見した．ALICE，ATLAS，CMS の3実験が鉛＋鉛衝突の測定をしている．これら3実験は非常

に大規模で，ALICE は約 1500 人の国際共同研究チーム，ATLAS と CMS は約 4000 人の国際共同研究チームにより運営されている．

PHENIX 測定器

衝突型加速器の測定器の例として，筆者が参加している PHENIX 実験の測定器である PHENIX 測定器を紹介する．本書で取り上げる RHIC のデータの多くは PHENIX 実験で測定したものである．

PHENIX は RHIC での 2 大主要実験の一つで，15 ヵ国，70 数研究機関から約 500 名が参加する国際共同実験である (http://www.phenix.bnl.gov)．日本からは，10 の研究機関（研究所・大学）が参加している．

PHENIX の目的は，RHIC での原子核衝突反応からの QGP の証拠を多数同時に測定し，それにより QGP の生成を実証し，その性質を研究することにある．このためには，横運動量で数 GeV/c までのハドロンの粒子識別および，電子・ミューオン・光子の測定が重要になる．また，高エネルギー粒子の精度良い測定や J/ψ の質量測定のため，高い運動量分解能が要求される．このため，PHENIX では

1. 高度な粒子識別能力
2. 電子，光子，ハドロン，ミューオンの測定能力
3. 荷電粒子の高運動量分解能での測定．
4. 測定装置の非常に高いセグメンテーション
5. 高いイベントレートでの，希少断面積の現象（高横運動量粒子，レプトン対など）の測定

などを重点において設計・建設されている．項目 4 は Au + Au 中心衝突で非常に多くの粒子が発生するためである．発生する荷電粒子数は単位ラピディティあたり約 700，光子数もほぼ同数になる．この高い粒子密度で一つの読み出しチャンネル内に複数の粒子が入るのを防ぐため，多くの測定器サブシステムは数千から 1 万数千チャンネルに分割されている．項目 5 は，QGP の有力なシグナルである，高横運動量粒子，電子対，J/ψ 粒子などの生成量は極めて少ないので，高い反応レートでの測定が必要となるためである．限られた建設予算内でこれらの要求を満足し，かつ 4π 近い大立体角を保つことは不可能だったので，

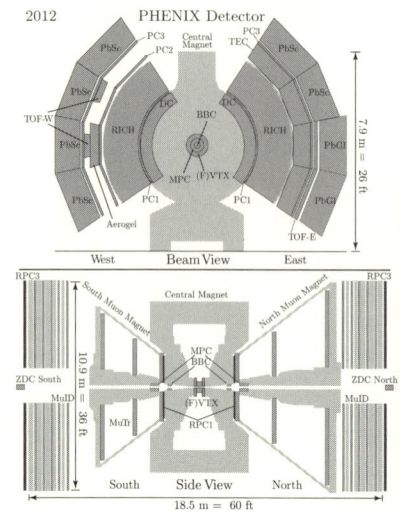

図 **6.2** PHENIX 実験．左：PHENIX 測定器の概要図．上はビーム軸に垂直な面での断面図．下はビーム軸に平行な垂直面での断面図．右：PHENIX 実験装置と共同実験者の写真．(ブルックヘブン国立研究所提供)

測定器の立体角は最近の粒子検出装置としては小さめなものになっている．

図 6.2 に PHENIX 測定器の全体図を示す．衝突点の周りに，磁極半径約 2 m の中央電磁石が置かれ，ビーム軸を対称軸とする軸性磁場を生み出す．この中央電磁石を取り囲むように，その左右に東アーム，西アームとよぶ 1 対の中央測定器アームが置かれ，重心系で 90 度付近に放出されるハドロン，光子，電子（対）を測定する．ビーム軸前後方にはそれぞれ南ミューオンアーム，北ミューオンアームとよぶミューオン測定器が置かれている．

PHENIX 測定器は多くの測定器サブシステムからなっている．図中にある，BBC, DC, RICH, TOF-E, PbSc, PbGl, MuTr, MuID などは測定器サブシステムの名前である．これらの装置からのデータを衝突イベントごとに記録し，その後，記録したデータをコンピューターで解析してイベントを再構成し，それから様々な粒子や物理量の測定を行う．

以下，いくつかの主要なサブシステムについて説明する．

BBC ビーム・ビーム・カウンター．衝突点の前方と後方にビームパイプを

360°取り巻くように置かれている．ビーム衝突が起こると，前方に多くの粒子が発生するので，それをとらえることで，ビーム衝突が起こったことを検出する．同時に，衝突の起こった時間と，ビーム軸方向の位置を測定する．

DC ドリフト・チェンバー．荷電粒子飛跡検出器である．荷電粒子がこの装置を通過するときの位置と進行方向を測定する．中央電磁石で作られた磁場のために，荷電粒子の進行方向が曲り，その曲り角は粒子の運動量に反比例するので，測定した曲り角から粒子の運動量が決定できる．

RICH リング・イメージング・チェレンコフ測定器．PHENIX の電子識別のための主要装置．ビーム・ラインから 2.5～4 m を覆うガス容器と，そのなかの反射鏡，光センサー (光電子増倍管) からなる．RICH を通過する荷電粒子の速度が，ガス容器を満たす炭酸ガス中の光速 ($\beta = 0.9996$) 以上だとチェレンコフ光がその進行方向に放射される．運動量が 17 MeV/c 以上の電子はチェレンコフ光を出すが，4.7 GeV/c 以下のハドロンは出さないことを利用して，電子を識別する．

TOF 飛行時間測定器．ハドロンの粒子識別のための主力装置である．衝突で発生した粒子が，衝突点から TOF まで飛行するのに要した時間を高精度で測定し，それから粒子の速度 β を求める．粒子の質量 m，運動量 p，速度 β の間には $m^2/p^2 = 1/\beta^2 - 1$ という関係があるので，これから m が求まり，粒子の種類を決めることができる．TOF は約 100 psec（100 億分の 1 秒）という世界最高クラスの高時間分解能をもち，横運動量約 2.5 GeV/c までの π と K の分離，約 5 GeV/c までの $p/\bar{p}$ と K の分離ができる．

PbSc/PbGl 高エネルギーの光子や電子のエネルギーと位置を測定する電磁カロリメータ．7.3 節で見るように，QGP の発見には高横運動量の π^0 の測定が重要な役割を担っている．π^0 は瞬時に $\pi^0 \to \gamma + \gamma$ と 2 光子に崩壊するが，崩壊で生じた 2 光子をこの装置で測定し，それから π^0 を測定する．電子や電子対の測定でも重要な役割を果たしている．

MuTr/MuID MuTr はミューオン飛跡測定器，MuID はミューオン識別装置である．この二つの装置が組となって，ミューオン測定器になっている．ミューオン測定器は，中央電磁石の磁極の前方と後方に置かれている．衝突点で発生したハドロンの大部分は磁極で吸収されるが，透過性が強いミュー

図 6.3 左：PHENIX RICH 測定器 1 号機の建設時の写真．チェレンコフ光を反射する反射鏡の調整が完了した直後の様子．反射鏡に写っているのは，チェレンコフ光を測定する光センサー（光電子増倍管）の像である．右：PHENIX TOF 測定器の建設時の写真．筑波大学の学生によりケーブル取り付けが行われたときの様子．

オンは磁極を通過する．これを利用して，ミューオン測定器はミューオンだけを測定できる．

　PHENIX には日本から多くの研究機関が実験の提案・概念設計段階から参加し，測定器建設のうえで非常に大きな役割を果たしている．測定器全体の約 3 割は日本グループによって建設され，運営されている．トリガーの要の BBC を広島大学，ハドロン粒子識別の主装置の TOF を筑波大学，電子識別の主装置の RICH を高エネルギー加速器研究機構（KEK），東京大学 CNS，早稲田大学，長崎総合科学大学，中央電磁石のコイルを KEK が建設した．理化学研究所が PHENIX の南ミューオンアームの全建設費を負担し，理化学研究所，京都大学，東京工業大学がその建設に参加し，立教大学がその運営に加わっている．図 6.3 は日本が建設を担当していた RICH 測定器と TOF 測定器の建設時の写真である．

　以上は，RHIC が稼働した 2000 年の時点で日本の研究機関が建設に関わった装置だが，その後もいくつか新しい装置が加えられてきた．特に最近では，チャームやボトムという重いクォークの生成を測定するためのシリコン飛跡検出器 VTX を理化学研究所が中心となって米国と共同建設し，2011 年に PHENIX に組み込んだ．この装置を使って，チャーム，ボトムの測定が始まっている．

6.3 核子の構造とパートン分布関数

第7章で見るように，RHICでのQGP発見の証拠の一つは，「ジェット・クエンチング」とよばれる現象の発見である．これは，原子核衝突反応で生じる高い横運動量をもったハドロンの生成量が，核子＋核子衝突に対して非常に少ないという現象だが，その意味を理解するには核子＋核子生成での高横運動量ハドロン生成を理解しなければならない．

核子＋核子衝突での高横運動量ハドロン生成量は，核子内のクォークやグルーオンの運動量分布を記述するパートン分布関数と，摂動論的QCD(pQCD)理論によって計算することができる．以下では，まずパートンモデルとパートン分布関数について説明する．

パートンモデル

高エネルギー加速器での電子・陽子衝突，陽子・陽子衝突，原子核衝突などで起こる運動量移行Qの大きな反応では，強い相互作用の結合定数α_sは小さくなる（図4.5）．このため，こうした反応では核子はあたかも自由なクォークやグルーオンからできているように振る舞う．クォークとグルーオンを一緒にしてパートンとよぶが，高エネルギーでの電子・核子衝突や核子同士の衝突は，それを核子内の自由なパートンの衝突として扱う「パートンモデル」で良く記述することができる．

パートンモデルでは，核子は，「パートン分布関数」で表される運動量分布をしている自由なパートンの集団として扱われ，パートン間の相互作用は無視される．実際には，パートン間に相互作用があり，それによってパートンが核子内に束縛されているのだが，反応の運動量移行Qの大きさがこうした束縛力に関わる運動量に比べてはるかに大きい場合はその影響を無視できる．

深部非弾性散乱

エネルギーが数GeV以上の高エネルギーのレプトンと核子の散乱で，運動量移行が非常に大きく，かつレプトンのエネルギー損失が大きな反応のことを「深部非弾性散乱」という．パートンモデルは，高エネルギーの電子と陽子の深

部非弾性散乱実験の結果を説明するために生まれた．1960年代後半に米国のスタンフォード線形加速器センター（SLAC）で高エネルギーの電子と陽子の深部非弾性散乱実験が行われ，その実験結果から陽子内に点状の荷電粒子が存在することが明らかになった．この点状粒子は陽子を構成する部分（パート part）という意味でパートンと名付けられた．現在では，SLACの深部非弾性散乱実験で見つかった荷電パートンはクォークであることがわかっている．

図 6.4 はパートンモデルでの電子と陽子の深部非弾性散乱を図解している．電子は陽子を構成しているクォークの一つと散乱する．このクォークが散乱前には陽子の運動量 p の一部分 xp $(0 < x < 1)$ を担っている．散乱後のクォークの4元運動量は $p_f = xp + q$ となる．クォークの質量 m_q は小さいので，それを0で近似すると，$p_f^2 = m_q^2 = 0$ なので，

$$0 = p_f^2 = x^2 p^2 + 2xp \cdot q + q^2 = x^2 M_p^2 + 2xp \cdot q + q^2$$

ここで M_p は陽子の質量である．陽子の静止系では $p \cdot q = M_p(E - E')$ となる．ここで E と E' はそれぞれ散乱前と散乱後の電子の陽子の静止系でのエネルギーを表す．M_p に比べて電子のエネルギー損失 $\nu \equiv E - E'$ が非常に大きい場合は $x^2 M_p^2$ はほかの項に比べて小さくなるのでこれを無視し，q^2 は常に負になるので，$Q^2 \equiv -q^2 > 0$ と定義すると

$$x = \frac{-q^2}{2p \cdot q} = \frac{Q^2}{2M_p \nu}$$

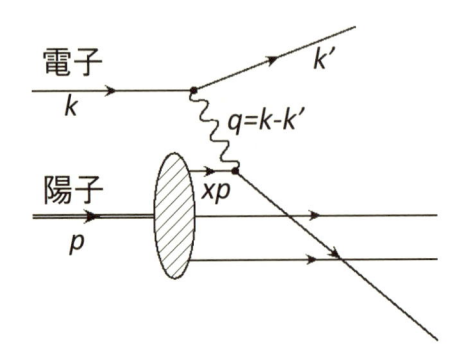

図 6.4　深部非弾性散乱（Deep Inelastic Scattering）．

これは散乱クォークの担っている陽子の運動量の割合 x を $x = Q^2/2M_p\nu$ と測定できることを示している.

深部非弾性散乱で使われる運動学変数をまとめておこう.

$$\nu = \frac{q \cdot p}{M_p}(= E - E')$$
$$Q^2 = -q^2(= 4EE'\sin^2(\theta/2))$$
$$x = \frac{Q^2}{2p \cdot q}(= \frac{Q^2}{2M_p\nu})$$
$$y = \frac{q \cdot p}{k \cdot p}(= \frac{\nu}{E})$$

ここで, ( ) 内は核子の静止系での場合で, θ は静止系での電子の散乱角である.

パートンモデルでの電子＋陽子の深部非弾性散乱の断面積は, これらの変数を使って, 以下のように与えらえる.

$$\frac{d\sigma}{dxdy} = \frac{2\pi\alpha^2}{xyQ^2}\left(1 + (1-y)^2 - \frac{2x^2y^2M_p^2}{Q^2}\right)F_2(x)$$
$$\simeq \frac{2\pi\alpha^2}{xyQ^2}\left(1 + (1-y)^2\right)F_2(x)$$
$$F_2(x) = x\sum_i e_i^2 f_i(x)$$

ここで $F_2(x)$ は陽子の構造関数とよばれる. $f_i(x)$ はパートン i の分布関数で, パートン i が陽子の運動量 p のうち $xp(0 < x < 1)$ をもつ確率分布密度を表す. e_i はパートン i のもつ電荷である. $(2\pi\alpha^2/yQ^2)(1 + (1-y)^2)$ は電子と電荷 e をもった点状荷電粒子の散乱断面積なので, この式は, 電子と核子の深部非弾性散乱が, 電子と核子内に存在する点状の荷電粒子との弾性散乱の和になることを表している. 深部非弾性散乱のデータがこのパートンモデルでの断面積と一致することは, 陽子内に点状の荷電粒子, つまりクォークが存在することを実証している.

陽子のクォーク構成は (uud) である. しかし陽子内では, $q \to q + g$ のようにクォークからグルーオンが放出されたり $g \to q + \bar{q}$ のようにグルーオンがクォーク・反クォーク対に分かれるなどの反応が頻繁に起こっている (図 6.5). これらの反応の結果, 陽子内には反クォークも存在し, またパートン分布関数は Q^2 に依存するようになる. このため, 構造関数の形は次のようになる.

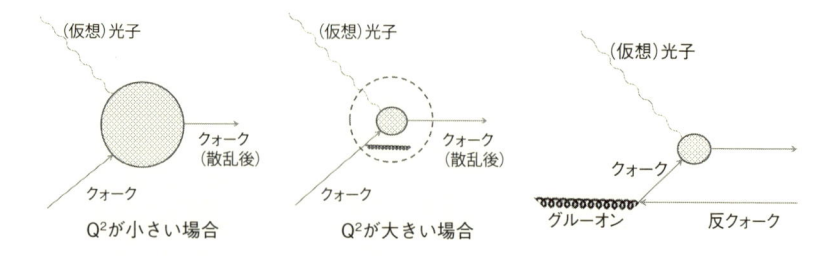

図 6.5 パートン分布の Q^2 依存性. Q^2 が小さい場合一体のクォークと見えていたものが（左図）. Q^2 を上げるとクォークとグルーオンに分解して見えている（中図）. グルーオンから生じたクォーク・反クォーク対が見えている（右図）.

$$F_2(x, Q^2) = x(\frac{4}{9}u(x,Q^2) + \frac{1}{9}d(x,Q^2) + \frac{1}{9}s(x,Q^2)$$
$$+ \frac{4}{9}\bar{u}(x,Q^2) + \frac{1}{9}\bar{d}(x,Q^2) + \frac{1}{9}\bar{s}(x,Q^2) + \cdots)$$

ここで，$s(x,Q^2)$ は s クォークの分布関数，$\bar{u}(x,Q^2)$, $\bar{d}(x,Q^2)$, $\bar{s}(x,Q^2)$ はそれぞれ反 u クォーク，反 d クォーク，反 s クォークの分布関数である．

構造関数 $F_2(x,Q^2)$ はパートン分布関数 $xf_i(x,Q^2)$ の和になっているので，構造関数 $F_2(x,Q^2)$ を測定することで，実験的にパートン分布関数を決定することができる．電子散乱のデータだけでは，電荷の二乗をかけたクォーク分布関数の和しか測れないが，ニュートリノや反ニュートリノと核子の深部非弾性散乱のデータからは，散乱しているクォークの種類の情報を得ることができる．

グルーオンは電荷をもたないので，電子はグルーオンとは直接は散乱しない．このため，電子と陽子の深部非弾性散乱では，グルーオンの分布を直接測定することはできない．しかしクォークの分布関数を深部非弾性散乱で精密に測定することにより，グルーオンの分布関数も間接的に測定することができる．摂動論 QCD 理論は分布関数自体を予言することはできないが，「分布関数が Q^2 によってどのように発展していくか」という Q^2 依存性を予言することができる．この Q^2 依存性はグルーオン分布関数 $g(x)$ と関係しているので，構造関数の Q^2 依存性を精密に測定することで，間接的にグルーオン分布関数 $g(x)$ を測定することができる．また陽子＋陽子衝突や陽子＋反陽子衝突の実験データからも，グルーオン分布関数の情報を得ることができる．

パートン分布関数

図 6.6 は陽子内のパートン分布関数 $xf(x)$ を示す．これは，多くの電子—核子衝突，ニュートリノ—核子衝突，陽子—陽子衝突，陽子—反陽子衝突などの多くの実験データを QCD 理論を使って総合的に解析することで決定されている．分布カーブが幅をもっているのは，分布関数の不定性を示している．パートン分布関数に不定性があるのは，それを決定するのに用いた実験データと，それを総合するための理論にそれぞれ不確定性があるためである．u_v, d_v, s, c, $\bar{u}$, $\bar{d}$ はそれぞれ価 u クォーク，価 d クォーク，s クォーク，c クォーク，反 u クォーク，反 d クォークの分布関数である．価クォーク分布とはクォーク分布から反クォーク分布を差し引いた分布で，

$$u_v(x) \equiv u(x) - \bar{u}(x), \qquad d_v(x) \equiv d(x) - \bar{d}(x).$$

クォークと反クォークは常にペアで生み出されるので，反クォークとペアになった成分を除いた「正味の」クォーク分布が価クォーク分布である．陽子は 2 個の u クォークと 1 個の d クォークからできているので，$u_v(x)$ は $d_v(x)$ の約 2 倍の高さになっている．$u_v(x)$, $d_v(x)$ を 0 から 1 まで積分すれば，それぞれ 2

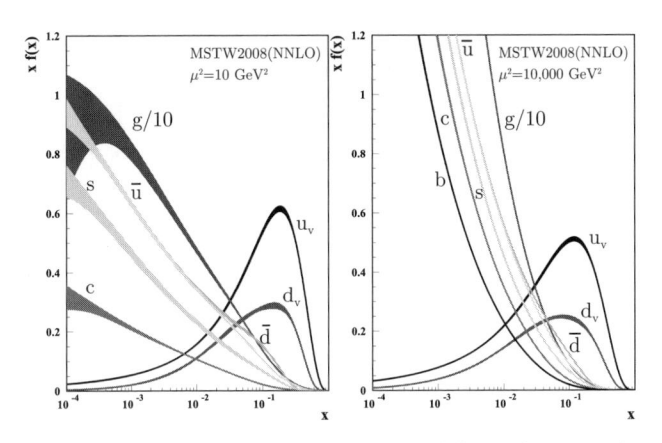

図 **6.6** 陽子のパートン分布関数 $xf(x)$．詳細は本文参照．左図は運動量スケール $\mu^2 = 10$ GeV^2 での分布．右図は $\mu^2 = 10000$ GeV^2 での分布．MSTW グループによる NNLO 解析の結果．出典：Particle Data Group, Phys.Rev.D86,010001 より転載．原著論文は A. D. Martin *et a*., European Physics Journal C63, 189 (2009).

と1になる．

$$\int_0^1 u(x)dx = 2, \quad \int_0^1 d(x)dx = 1.$$

図中で $g/10$ と書かれている曲線はグルーオンの分布関数である．グルーオン分布関数は x が小さい領域では非常に大きくなるので，この図では $xg(x)$ の大きさを $1/10$ にした $xg(x)/10$ をプロットしている．

　左右に二つ図があるのは，運動量スケール μ^2 による分布の違いを示している．左の図は $\mu^2 = 10 \text{ GeV}^2$，右の図は $\mu^2 = 10000 \text{ GeV}^2$ の分布になる．このような違いが生じるのは，先に述べたように，クォークがグルーオンを放射したり，グルーオンがクォーク・反クォーク対に分かれたりするために，パートン分布関数は運動量スケール μ^2 に依存するためである．μ^2 が大きければ大きいほど，パートンが別のパートンに分かれる様子がより細かく見えるようになるため，右の図では x の小さいところでの反クォーク分布やグルーオン分布が大きくなっている．

6.4　核子＋核子衝突反応

核子間衝突から発生するハドロンの横運動量分布

　図6.7は核子同士の高エネルギーでの衝突から発生するハドロンの横運動量分布の様子を模式的に示している．この図が示すように，核子同士の高エネルギー

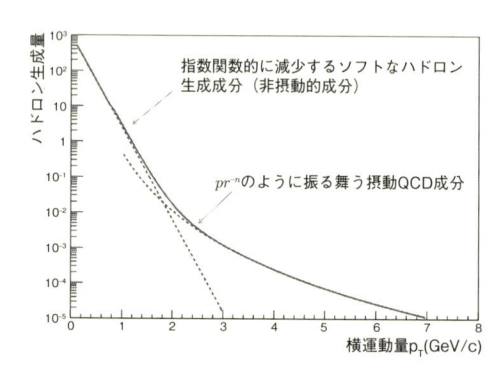

図 **6.7**　高エネルギーの核子間衝突から発生するハドロンの横運動量分布（模式図）．

の衝突で発生するハドロンは大きく分けて二つの成分に分けることができる．

一つは p_T が 2 GeV/c 以下程度の成分で，発生するハドロンの大部分はこの低横運動量成分に属する．この成分は QCD の非摂動的効果により生み出される．経験的に，この成分の横運動量分布がほぼ p_T の指数関数 $\exp(-ap_T)$ になることがわかっている．

もう一つの成分は，高横運動量領域の成分である．この成分は，次の節で説明するように，核子内のパートン同士の運動量移行 Q^2 の大きな散乱の結果生じる．Q^2 の大きな散乱のことを，「ハードな散乱」とよぶので，この成分を「ハード散乱成分」とよぶ．これに対して，低横運動量の成分はソフト成分とよばれる．

ソフト成分はほぼ p_T の指数関数 $\exp(-ap_T)$ で $a \approx 6 \,[\text{GeV}/c]^{-1}$ であり，ハード成分は p_T のべき関数 Ap_T^{-n} になる．RHIC での高い p_T でのハドロン生成の実験データに関数 Ap_T^{-n} をフィットして n を求めると，$n = 6 \sim 8$ となる．p_T が大きくなるにつれて，指数関数のほうが急速に小さくなるから，高い p_T ではハード成分が支配的になる．RHIC での陽子＋陽子衝突や原子核衝突では，p_T が 2 GeV/c 以上ではハード成分が支配的で，それ以下ではソフト成分が支配的になっている．

摂動 QCD 理論での高横運動量ハドロン生成

核子同士が高エネルギーで衝突し，そこから高横運動量のハドロンが生み出される反応は摂動 QCD 理論で計算することができる．この反応は，核子内のパートン同士が衝突・散乱し，散乱パートンが多数のハドロンに分解するという複雑なプロセスになる．

図 6.8 に，核子＋核子衝突からのハドロン生成反応を図式的に示す．図の左に示されているのは衝突する核子 N_1 と N_2 で，それぞれ 4 元運動量 p_1 と p_2 をもっている．N_1 中のパートン f_1 と N_2 中のパートン N_2 が衝突する．f_1 は N_1 の運動量 p_1 の一部 $x_1 p_1$ を担い，f_2 は N_2 の運動量 p_2 の一部 $x_2 p_2$ を担っているので，これは運動量 $x_1 p_1$ のパートン f_1 と運動量 $x_2 p_2$ のパートン f_2 の衝突反応になる．衝突の結果，運動量 p_f をもったパートン f を生み出されるが，パートン f はただちに多数のハドロンの集団に分解する．こうして生み出された高エネルギーのハドロンの集団は，狭い角度領域に集中しているので，ハドロン・ジェットとよばれる．このハドロン・ジェット内のハドロンの一つ h が

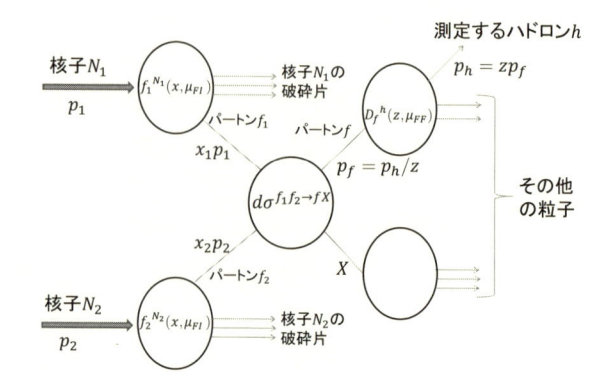

図 6.8 摂動 QCD 理論での核子＋核子衝突反応でのハドロン生成．核子 N_1 と N_2 が衝突してハドロン h が生み出される．

観測される．

この反応を数式で表すと以下のようになる．

$$d\sigma^{N_1 N_2 \to hX} = \sum_{f_1, f_2, f} \int dx_1 dx_2 dz f_1^{N_1}(x_1, \mu_{FI}^2) f_2^{N_2}(x_2, \mu_{FI}^2) \times$$
$$d\hat{\sigma}^{f_1 f_2 \to fX}(x_1 p_1, x_2 p_2, p_h/z, \mu_{FI}, \mu_{FF}, \mu_R) \times D_f^h(z, \mu_{FF}^2) \quad (6.1)$$

ここで，

- $f_1^{h_1}(x_1, \mu_{FI})$ は核子 N_1 のパートン分布関数で，パートン f_1 が N_1 の運動量 p_1 の内 $x_1 p_1$ を担っている確率を表す
- $f_2^{h_2}(x_2, \mu_{FI})$ は核子 N_2 のパートン分布関数で，パートン f_2 が N_2 の運動量 p_1 の内 $x_2 p_2$ を担っている確率を表す
- $\hat{\sigma}^{f_1 f_2 \to fX}(x_1 p_1, x_2 p_2, p_h/z, \mu_{FI}, \mu_{FF}, \mu_R)$ はパートン散乱反応 $f_1 f_2 \to fX$ の散乱断面積を表す．終状態として，運動量 $p_f = p_h/z$ をもったパートン f が生み出される．f のほかに生み出された終状態のパートン X についてすべて足し合わせた断面積．
- $D_f^h(z, \mu_{FF})$ はパートン f がハドロン h に分解する過程を記述するもので，「破砕関数」とよばれる．f のもつ運動量 p_f の一部 zp_f をもったハドロン h が生み出される確率を表している．

反応の結果，観測するのは終状態のハドロン h とその運動量 p_h だけである．図

で示した中間状態に現れるパートン f_1, f_2, f とそれらの運動量 (x_1p_1, x_2p_2, $p_f = p_h/z$) は観測されない．このため，このすべての可能性について和をとり，x_1, x_2, z について積分したものが実験で観測されるハドロン h の生成断面積になる．

式に現れるパートン分布関数や破砕関数は摂動 QCD 理論では計算できないので，ほかの実験結果で決定してそれを計算に用いる．パートン分布関数については，多くの実験データを総合してかなり正確に決定されていることはすでに述べた．破砕関数は電子＋陽電子衝突からのハドロン生成反応 ($e^+e^- \to q\bar{q} \to$ ハドロン・ジェット) や，電子＋陽子衝突でのハドロン生成反応のデータなどから求められている．パートン間の散乱断面積 $\hat{\sigma}^{f_1 f_2 \to fX}(x_1 p_1, x_2 p_2, p_h/z, \mu_{FI}, \mu_{FF}, \mu_R)$ は摂動 QCD 理論によって計算される．摂動最低次（LO）のクォークとグルーオンの散乱断面積は表 4.1 にまとめられている．

式 (6.1) のなかには，くりこみ運動量スケール μ_R^2 のほかに，μ_{FI}^2, μ_{FF}^2 という二つの運動量スケールパラメータがある．これらはそれぞれパートン分布関数の因子化運動量スケールと破砕関数の因子化運動量スケールである．図 6.6 が示すように，パートン分布関数はそれを計る運動量スケール μ_{FI}^2 に依存する．これは図 6.5 でみたように，運動量スケールが大きくなれば分解能が向上して，ハドロン内のより細かい構造が見えてくるためである．同様に破砕関数も運動量量スケール μ_{FF}^2 に依存する．

前節で，「ハドロン横運動量分布のハード成分は，p_T^n と p_T のべき乗になる」と述べた．これは，パートン間の散乱断面積は，重心系で 90°方向では $d\sigma/dp_T^2 \propto \alpha_s(Q^2) p_T^{-4}$ になることをを反映している．べきの値 n が 6 から 8 くらいで，$n = 4$ とならないのは，強い相互作用の結合定数 $\alpha_s(\mu_R^2)$，パートン分布関数 $f(x, \mu_{FI})$，破砕関数 $D(z, \mu_{FF})$ などが運動量スケールに依存し，また x が大きくなるとパートン分布 $f(x)$ が小さくなるためである．

運動量スケール μ_R, μ_{FI}, μ_{FF} は理論のパラメータで任意に選ぶことができるが，通常は，反応の典型的な運動量スケールを選ぶ．例えば，観測するハドロンの横運動量 p_T を運動量スケールに選び，$\mu_R = \mu_{FI} = \mu_{FF} = \mu = p_T$ と選ぶ．しかし，運動量スケールとして別の値を選んでもよい．$p_T/2$ や $2p_T$ をスケールに選ぶこともできる．

計算する物理量，例えばハドロンの生成断面積は，本来は運動量スケール μ

の選び方によらないはずである．無限次まで摂動計算をすれば，計算結果は μ によらなくなる．しかし実際の摂動計算では，摂動計算を α_s の 2 次程度で打ち切っているために，その計算結果は μ に依存してしまう．次に見るように，RHIC のエネルギーでの陽子＋陽子散乱での π^0 の生成断面積は $\mu = p_T$ と選ぶか，$\mu = p_T/2$ と選ぶか，$\mu = 2p_T$ と選ぶかによって計算結果は数十パーセント変わる．この違いは摂動 QCD 計算の理論的な不定性となる．

RHIC の陽子+陽子衝突での高横運動量 π^0 生成

摂動 QCD 理論によって，高横運動量のハドロンの生成量が計算できることをみてみよう．図 6.9 は衝突エネルギー $\sqrt{s}$ =200 GeV での陽子＋陽子衝突からの π^0 生成断面積と摂動 QCD 計算の比較である．図の上のパネルのデータ点は，測定した π^0 生成断面積で，その上に書かれている 3 本のカーブは摂動

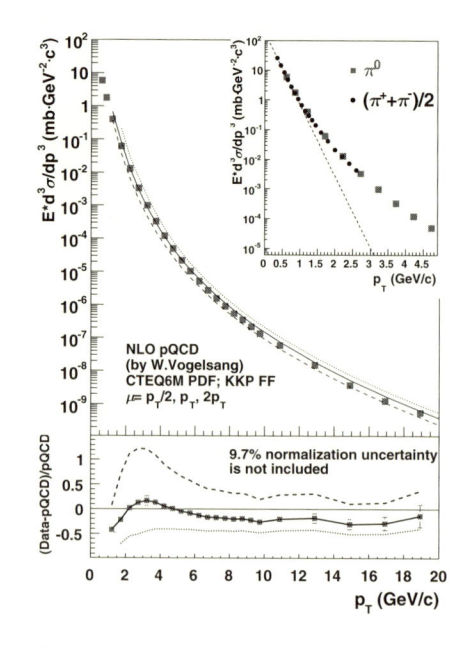

図 **6.9** 衝突エネルギー $\sqrt{s}$ =200 GeV での陽子＋陽子衝突からの π^0 生成断面積と摂動論的 QCD 計算の比較．出典：PHENIX 実験 Physical Review D76, 051106(R) (2007).

QCD 理論で計算した断面積の理論計算値である．図中に破線，実線，点線で示されている理論カーブは，運動量スケール $\mu = \mu_R = \mu_{FI} = \mu_{FF}$ をそれぞれ $\mu = 0.5p_T$, p_T, $2p_T$ とおいて計算した結果である．この 3 本の理論曲線は，運動量スケールの取り方により理論計算結果がどの程度変化するかを表していて，これが理論予言の系統誤差の範囲になる．

図の上パネルでは 10 桁にわたる生成断面積を対数表示して理論計算をデータと比較している．これでは細かい違いはわかりにくいので，下のパネルに (データ値-理論計算値)/理論計算値を示している．この値が 0 であれが理論がデータと一致していることを意味する．横運動量 2〜20 GeV/c にわたって，実線で示した理論（$\mu = p_T$ で計算）はデータと 30% 程度の範囲で一致していることがわかる．点線から破線の範囲は運動量スケールによる理論予言の系統誤差の範囲を示しているので，この範囲内に 0 があることは，摂動論的 QCD の予言はその系統誤差の範囲内でデータと一致していることを意味する．

図の右上の枠内には，$p_T < 5$ GeV/c の範囲の π^0 のデータが $\pi^\pm$ のデータとともに拡大して示してある．図中の点線はデータに指数関数をフィットした結果で，ソフト成分を表している．データは p_T が 1 GeV/c 付近から指数関数から上側にずれはじめ，$p_T = 2$ GeV/c では点線の 10 倍程度になっている．これから $p_T > 2$ GeV/c の π はほとんどハード成分であることがわかる．

6.5　原子核衝突反応

図 6.10 は，大きな原子核同士が超高エネルギーで正面衝突する様子を衝突の重心系でみた模式図である．衝突前は，衝突する原子核はどちらも光速に近い速度で互いに反対方向に運動している．質量数 A の原子核の半径 R_A は $R_A \simeq 1.2 A^{1/3}$ fm なので，金 (A=197) や鉛 ($A = 208$) のように重い原子核の場合は $R_A \simeq 7$ fm になる．ローレンツ収縮の結果，その縦方向の長さは $2R_A/\gamma$ になる．ここで γ はローレンツ・ファクターで，原子核のエネルギーが E_A，その質量が M_A とすると $\gamma = E_A/M_A$ となる．RHIC での金＋金衝突実験の場合，γ は約 107 に達し，LHC での鉛＋鉛衝突実験では γ は約 1500 に達する．これらの衝突型加速器で実現している原子核衝突では，γ ファクターが大きいので，

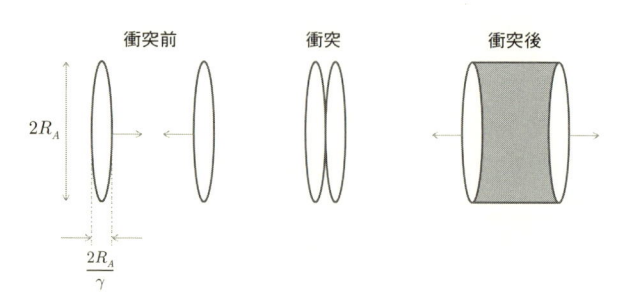

図 6.10 高エネルギー原子核衝突.

原子核の非常に薄い円盤になる.

衝突エネルギーを上げて γ を大きくしていくと，衝突原子核の厚みはいくらでも小さくなりそうだが，量子力学の効果を考慮すると，これは必ずしも正しくない．核子は多くのパートンからできている．図 6.6（105 ページ）のパートン分布関数に示したように，核子内には価クォークのほかに多くのクォーク，反クォーク，グルーオンが存在する．その多くは，核子の運動量の非常に小さな割合 x を担っている．核子の運動量が p だとすると，パートンの運動量は xp で，その位置の不定性は不確定性原理により $\Delta z \simeq 1/xp$ になる．パートンの運動量 xp はあまり小さくなることはできず，0.2 GeV/c 程度はあると考えらえる．それ以下になると，パートン間の反応でハドロンを生み出すことができなくなるので，物理的には意味がなくなるからである．したがって，衝突する原子核の縦方向の厚み Δz は 1 fm 程度はあると考えられる．

x の大きなパートンにはこうした位置の不確定性はないので，それらはローレンツ収縮によって R_A/γ の薄い円盤内にある．つまり，超高エネルギーで衝突する原子核を衝突の重心系でみると，x が大きなパートンからなる幅 R_A/γ の薄い円盤の周りに，x が非常に小さい「弱いパートン」からなる雲が幅 1 fm くらい広がっていることになる．

原子核が衝突すると，そのなかにあるパートン同士の散乱が起こる．パートン同士の散乱断面積は α_s/Q^2 程度なので，パートン間の散乱の大部分は運動量移行 Q の小さい反応である．薄い円盤状部分にある x の大きなパートンは大きな運動量 xp をもっているため，こうした運動量移行 Q が小さい散乱ではその方向をほとんど変えないし，そのエネルギーもあまり失わない．したがって，

6.5 原子核衝突反応

薄い円盤部分にある x の大きなパートンたちは互いすり抜けてしまう．一方，x の小さいパートンからなる雲の部分は衝突の結果，激しい相互作用を起こす．

円盤部分がすり抜けた後の空間に，衝突した原子核の運動エネルギーの一部が放出され，そこにエネルギー密度が非常に高い反応領域が作られる．このエネルギーは，クォークや反クォークやグルーオンに変わるので，反応領域の粒子密度は非常に高くなる．価クォークのほとんどはすり抜けていった円盤部分にあるため，衝突の重心系付近でのバリオン数密度（＝ 1/3×(クォーク密度―反クォーク密度)）はほとんどゼロになる．

実際の原子核衝突データから，上で述べたことを確認してみよう．

図 6.11 は様々なエネルギーでの原子核同士の正面衝突からの「正味の陽子数」，つまり陽子の数から反陽子の数を引いたもののラピディティー分布である．図の横軸の変数ラピディティー y_{CM} はビーム軸方向の相対論的な速度に相当する量で，特に y が小さいときは z 軸方向の速度に一致する $(y \simeq v_z/c)$．31 ページで説明したように，ビーム軸方向にラピディティー Δy で動いている系へのローレンツ変換によって，ラピディティーは $y \to y + \Delta y$ と変換する．このためラピディティー分布 dN/dy はビーム軸方向へのローレンツ変換によって変わらない．横軸の変数としてラピディティーを使うのはこのためで，もし速

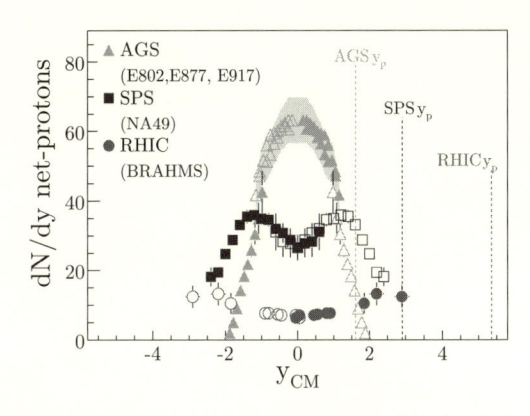

図 **6.11** 原子核同士の正面衝突反応からの正味の陽子生成量（＝陽子生成量―反陽子生成量）のラピディティー分布．3 セットあるデータは，それぞれ，AGS 加速器での金＋金衝突，SPS 加速器での鉛＋鉛衝突，RHIC 加速器での金＋金衝突のデータで，中心度 0-5% の正面衝突を選んでいる．詳しい説明は本文を参照．出典：BRAHMS 実験 Physical Review Letters 93, 12301 (2004).

度 $\beta = v/c$ を横軸にとれば，分布 $dN/d\beta$ はビーム軸方向のローレンツ変換に依存するようになり，分布の意味することがわからなくなる．

図中で AGS, SPS, RHIC とあるのは，それぞれ AGS 加速器での金＋金衝突実験 SPS 加速器での鉛＋鉛衝突実験，BRHIC 加速器での金＋金衝突実験からのデータである．衝突エネルギー $\sqrt{s_{NN}}$[1]はそれぞれ 5 GeV（AGS），17 GeV（SPS），200 GeV（RHIC）である．図中に y_p とあるのは，衝突する原子核の重心系でのラピディティーである．2 原子核が衝突する前は，すべての核子は $y_{\mathrm{CM}} = y_p$ と $y = -y_p$ の 2 点に集中している．

図に示されているのは正味の陽子数のラピディティー分布だが，これはバリオン数のラピディティー分布と同じ形をしていると考えられる．これは，正味の中性子数（中性子数―反中性子数）のラピディティー分布も，ラムダ粒子などのそのほかのバリオンの正味のラピディティー分布も，ほとんど同じ形をしているはずだからである．衝突前の原子核の陽子数 N_p と核子数 N_N の比が $N_p/N_N \simeq 0.4$ なので[2]，図の分布の高さを 2.5 倍にすればバリオン数のラピディティー分布になると考えられる．以下，この図のデータをバリオン数のラピディティー分布と解釈する．バリオン数は正味のクォーク数（＝クォークの数―反クォークの数），つまり価クォークの数の 1/3 になるので，この図のデータは，原子核衝突反応後の価クォークのラピディティー分布の形をみていることになる．

AGS でのバリオン数ラピディティー分布は $y_{\mathrm{CM}} = 0$ を中心とした釣鐘状の分布をしている．これは，AGS のエネルギーでは衝突する金原子核が互いに相手を止めてしまい，すべてのバリオンが $y_{\mathrm{CM}} = 0$ の周りに積み重なってしまうためである．AGS のエネルギーでは，エネルギーが低いので，原子核同士がすり抜けることが起こらない．

SPS でのバリオン数ラピディティー分布はふた山のピークをもっている．これは，SPS のエネルギーになると，先に説明したような，「原子核同士のすり抜け」が起こり始めているためである．衝突前に鉛原子核がもっていたラピディティーは ±2.9 で，衝突後の分布のピークは $y_{\mathrm{CM}} = \pm 1.3$ くらいにある．衝突によって，バリオンが平均して $\delta y \simeq 1.6$ のラピディティーを失ったことになる．

---

[1] 正確には，「重心系での核子対あたりの衝突エネルギー」だが，冗長になるので，今後も単に「衝突エネルギー」とよぶ．

[2] SPS の鉛ビームでは 82/208=0.394，AGS と RHIC の金ビームでは 79/197=0.401．

6.5 原子核衝突反応

　RHIC でのバリオン数ラピディティー分布は非常に平坦で，しかもその高さが低い．これは RHIC のエネルギーでは，衝突原子核中のバリオンがほとんどすり抜けてしまったことを示す．

　ラピディティー分布 dN/dy を y について積分すると全バリオン数になる．バリオン数は保存するので，それは衝突前の 2 原子核中の核子数に等しくなる．実際，AGS のデータ点を足し合わせたものと SPS のデータ点を足し合わせたものはほとんど同じである．しかし，RHIC のデータ点を足し合わせても，AGS の場合の 1/3 程度にしかならない．この不足分は測定範囲である $|y| < 3$ の外側にあると考えられる．RHIC のビームラピディティー約 5.4 なので，測定されていないバリオンはラピディティーが 3〜5.4 の間に集まり，そこにバリオン数ラピディティー分布のピークがあると考えられる．

　この図は，RHIC の BRAHMS 実験の論文からとった．その論文ではバリオン数ラピディティー分布の適当な関数形を仮定し，バリオン数が保存することを使って測定範囲外にあるピーク位置を推定している．それによるとバリオン密度のピークは $y = 4$ 付近にあると推定され，バリオンの平均ラピディティー損失は $\delta y = 2.06 \pm 0.16$ になる．ビーム原子核中の核子がこうむる平均エネルギー損失 ΔE は約 70 GeV と推定されている．

反応の時間空間発展

　図 6.12 は反応領域の時間発展の様子の概念図である．衝突の結果，2 枚の原子核ディスクは互いにすり抜ける．このとき，核子はラピディティーを失い，その分運動エネルギーを失っている．RHIC での $\sqrt{s_{NN}} = 200$ GeV での金原子核同士の正面衝突の場合，核子あたりの平均エネルギー損失が約 70 GeV になることは述べた．この運動エネルギーは，原子核ディスクが通過した後の空間に放出されるので，そこには非常に高いエネルギー密度を持ち，バリオン数密度がほとんどゼロの状態が作られる．

　反応領域に放出されたエネルギーはクォーク，反クォーク，グルーオンに変わる．反応のごく初期段階，2 枚のディスクがちょうど重なり合った直後の状態 ($t < 0.1$ fm/c) は，こうして作られた高密度のクォーク，反クォークとグルーオンの集団で，これらの間に多くの散乱が起こると考えられる．

　反応領域でクォークやグルーオンが散乱を繰り返すうちに，熱的平衡状態が

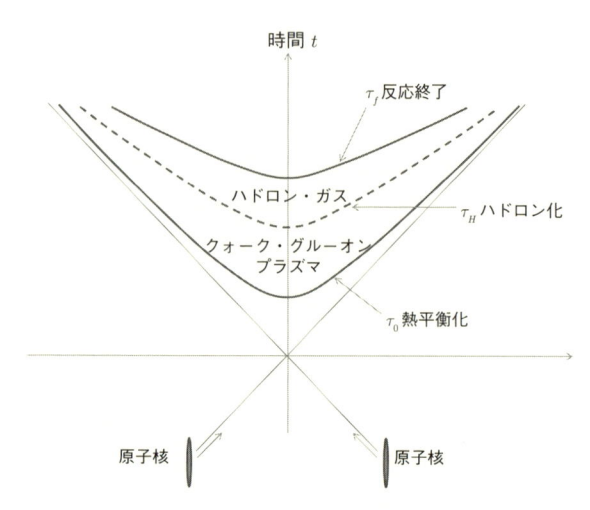

図 6.12　高エネルギー原子核衝突反応の時空間発展の概念図.

実現すれば，QGP 状態が作られる．図中で τ_0 と書いてあるのが熱平衡化が起こった時間である．

この τ_0 の線が曲線で描かれているのは，相対論的な時間の伸びを考慮している．熱平衡化に要する時間は，媒質とともに動く局所静止系での時間になるはずである．この局所静止系でみた時間 τ との実験室系での時空座標 (t, x) との関係は $\tau^2 = t^2 - x^2$ である．τ は固有時間であり，ビーム軸方向へのローレンツ変換に対して不変である．反応領域は，固有時間 τ に従って時間発展すると考えられる．熱平衡化も，その後の QGP の発展も，QGP からハドロン相への相転移も，$\tau = \sqrt{t^2 - x^2}$ が一定の線に沿って起こる．

系のエネルギー密度はその膨張に伴って急激に下がり，温度が下がる．その温度が QGP 相とハドロン相を分ける相転移温度以下になると，ハドロン化が起こり，ハドロンが生み出される．図で，τ_H と書かれた点線で示しているのがこの転移の起こる時間である．この転移が厳密には「相転移」ではなく，クロスオーバーであることは前章で述べた．ハドロン化の結果，系は高密度のハドロンガスに変わる．系がさらに膨張して，密度が十分低くなるとハドロン間の相互作用も終了して，生成したハドロンが飛び去って行く．

初期エネルギー密度

原子核衝突で達成される初期状態のエネルギー密度の推定法がブジョルケン (J. D. Bjorken) によって提案されている（図 6.13）．

反応によって生み出される粒子はほとんど光速で飛び回っている．そこで，粒子速度は光速であるという近似を用いる．このとき，$E \simeq p$ なので，

$$y = \tanh^{-1}(p_z/E) \approx p_z/E \approx p_z/p \approx \theta$$

ここで，θ は重心系で $90°$ 方向から図った粒子の放出角度で，θ が小さい場合を考えている．粒子は光速で運動しているから，その z 座標は，衝突から時間 t が経過したときには $z = ct \times \theta$ になる．つまり放出角が $\pm\Delta\theta$ の範囲内の粒子は時刻 t には $|z| < ct\Delta\theta$ の範囲にいる．$y \simeq \theta$ なので，ラピディティーが $\pm\Delta y$ の範囲にある粒子は，時刻 t では $|z| < ct\Delta y$ にいることになる．

これから，時刻 t での空間エネルギー密度が，終状態の粒子のラピディティー分布から推定できる．ラピディティーの幅 Δy の範囲に発生した粒子の数を ΔN として，粒子がもつ平均横質量を $\langle m_T \rangle$ とする．これらの粒子がもつ全エネルギーは $\Delta E = \langle m_T \rangle \Delta N$．時刻 τ_0 で，これらの粒子は $\Delta z = c\tau_0 \times \Delta y$ の範囲にいる．衝突した 2 枚の原子核ディスクがオーバーラップした部分の面積を A とすると，これらの粒子が時刻 τ_0 で占めていた体積は $v = A\Delta z = c\tau_0 A\Delta y$．したがって，そのときのエネルギー密度は

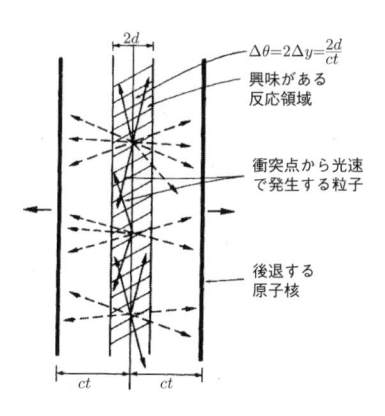

図 **6.13** ブジョルケンによる原子核衝突直後の反応領域の様子．出典：J. D. Bjorken, Physical Review D27, 140 (1983).

$$\varepsilon = \Delta E/v = \frac{\langle m_T \rangle \Delta N}{c\tau_0 A \Delta} = \frac{1}{c\tau_0 A} \langle m_T \rangle \frac{dN}{dy} = \frac{1}{c\tau_0 A} \frac{dE_T}{dy}.$$

ここで，$dE_T/dy = \langle m_T \rangle dN/dy$ を用いた．E_T は反応から生じた全横エネルギーで，反応で発生したすべての粒子の横質量の和 $E_T = \sum_i m_T^i$ である．発生粒子の質量を無視すれば，dE_T/dy は粒子の全エネルギーを測定する装置であるカロリメーターを用いて測定することができる．

$\varepsilon_{\mathrm{BJ}} \propto 1/\tau_0$ なので，τ_0 を小さくすれば，その時点でのエネルギー密度はいくらでも大きくなる．だから，十分に小さな τ_0 をとれば，エネルギー密度は必ず QGP への転移エネルギー密度，約 $1~\mathrm{GeV/fm^3}$ を超えることができるので，反応初期には必ず QGP ができそうに思える．しかしこれは正しくない．

まず，τ_0 を無制限に小さくできるわけではない．量子力学の不確定性原理から，エネルギー E の粒子が生み出されるには $\Delta t \simeq 1/E$ 程度の時間が必要になる．例えば，エネルギーが $1~\mathrm{GeV}$ の粒子が生み出されるには $0.2~\mathrm{fm}/c$ 程度の時間が必要になる．

次に，QGP への相転移を実現するうえで重要なのは，単なるエネルギーの密度ではなく，熱平衡化したエネルギーの密度である．QGP への転移が起こるのは，高温状態が実現した場合である．系のすべての自由度にエネルギーが均等に分配された状態が熱平衡状態で，その均等に分配されたエネルギーが大きければ系の温度は高くなる．熱平衡に達していなければ，「温度」自体が意味をもたない．どんなにエネルギー密度が高くても，それが熱平衡状態になければ，高温状態にはならないのである．

このことは衝突前の原子核のエネルギー密度を考えてみればわかる．衝突前の原子核は非常に高い運動エネルギーをもっていて，その体積はローレンツ収縮によって縦方向に $1/\gamma$ に縮小している．核子あたりのエネルギー E に加速された質量数 A の原子核について，ローレンツ収縮効果まで含めてナイーブに「エネルギー密度」を計算すると

$$E_A = E \times A = \gamma M_N A, \qquad V = V_A/\gamma.$$
$$\therefore \varepsilon = \frac{E_A}{V_A} = \gamma^2 \frac{M_N A}{V_A} = \gamma^2 \varepsilon_0.$$

ここで V_A は質量数 A の原子核の体積，$M_N = 0.938~\mathrm{GeV}$ は核子の質量，ε_0 は

通常原子核のエネルギー密度で約 0.2 GeV/fm^3, γ はローレンツ・ファクターである．RHIC の場合 $\gamma = 107$ になるので，この式で衝突前の原子核のエネルギー密度を計算すると約 2000 GeV/fm^3 になる．しかしこれが意味のない数字であることは，原子核の静止系に移れば，通常原子核のエネルギー密度 ε_0 になってしまうことから明らかである．

式 (6.2) で表されたエネルギー密度が高温状態を生み出すうえで意味をもつのは，熱平衡化が実現するのに要する時間を τ_0 として，$\tau \geq \tau_0$ のときに限られる．最高のエネルギー密度で最高温度の状態は，熱平衡化が実現した $\tau = \tau_0$ のときに実現する．

熱平衡化に要する時間 τ_0 の値は 1 fm/c 程度と考えられるので，

$$\varepsilon_{\mathrm{BJ}} \equiv \frac{1}{c\tau_0 A}\frac{dE_T}{dy} \tag{6.2}$$

で $\tau_0 = 1$ fm/c とおいたときの値をブジョルケン・エネルギー密度とよぶ．$\varepsilon_{\mathrm{BJ}}$ は高エネルギー原子核衝突反応で達成した初期エネルギー密度を表す標準的測定量となっている．

中心度

今までは，主に重い原子核同士の正面衝突の場合を考えていた．しかし原子核衝突では常に正面衝突が起こるわけではない．衝突する 2 原子核の中心を通る軌道の間の距離を衝突径数（インパクトパラメータ）といい，通常その大き

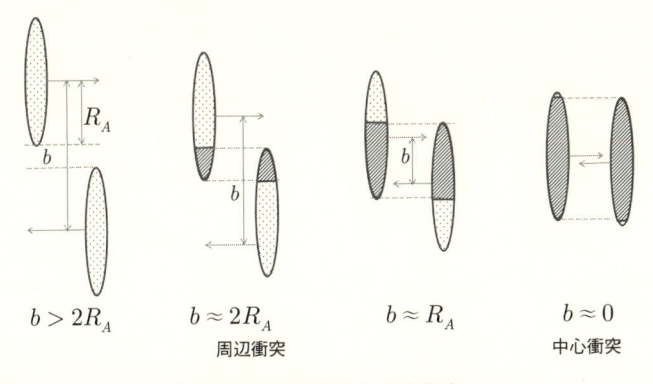

$b > 2R_A$　　$b \approx 2R_A$　　$b \approx R_A$　　$b \approx 0$
　　　　　　　周辺衝突　　　　　　　　　中心衝突

図 **6.14**　周辺衝突と中心衝突．

さを b で表す．この衝突径数 b の値によって，正面衝突になったり，2原子核が擦れるように衝突したりする．

図 6.14 にいろいろな衝突径数 b の場合の原子核衝突の様子を示す概念図である．図の右にいくほど b が小さくなる．原子核の半径を R_A として，$b > 2R_A$ であれば衝突は起こらない[3]．$b \simeq 2R_A$ では原子核同士が擦れるように衝突する．これを**周辺衝突**という．衝突係数 b が小さくなるにつれて，より多くの部分が重なるようになる．$b \simeq 0$ は正面衝突の場合で，原子核のほぼすべての部分が重なる．これを**中心衝突**とよぶ．

反応に関与するのは，衝突の際に2原子核が重なった部分だけである．この重なり部分にある核子のことをパーティシパントとよぶ．これは英語の「参加者」という意味で，「反応関与部」と訳す．重なり部分以外はスペクテーターとよばれ，反応に関与しない．英語で「傍観者」という意味である．

衝突が起こると，原子核が重なった反応関与部だけに反応領域が作られる．スペクテーター部は，衝突に関与しないので，原子核から引きちぎれて衝突後も同じラピディティーで前後に飛び去って行く（図 6.15）．重なりが大きく，反応関与核子数が大きいほど，より広い空間により高いエネルギー密度の状態を作ることができる．

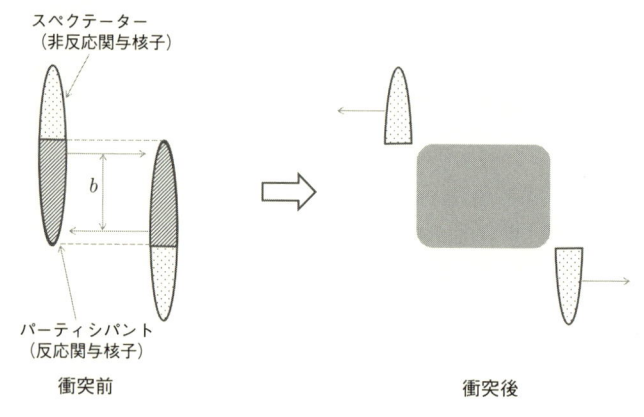

図 6.15　パーティシパント（反応関与部）とスペクテーター（非関与部）．

---

[3] ただし，この場合でも原子核の電荷が作るクーロン場により，相手の原子核から核子が叩き出されたりするが，本来の原子核衝突反応とは別物である．

中心衝突と周辺衝突を区別して，どれだけ中心衝突であるかを定量的に表すために，「中心度」という量を定義する．中心度は，全衝突断面積中の割合をパーセントで示し，もっとも中心衝突の場合（衝突径数の小さい場合）を0とするのが慣例になっている．例えば，もっとも中心衝突度が高い（衝突径数の小さい）10%のイベントを「中心度0-10%」とよぶ．次に中心衝突度が高い10%のイベントは「中心度10-20%」である．「中心度80-100%」は，中心衝突度がもっとも低い20%になるので，これは周辺衝突である．中心度のパーセントの値が小さいほど中心度が高く，大きいほど中心度が低くなる．

中心度の選択をしない場合でも，実験装置で原子核衝突反応を測定する際に最周辺衝突の数%は失われてしまう．これは，原子核同士が擦れあったような最周辺衝突では，少数の粒子しか発生しないために，衝突が起こったことが実験装置によって認識されないためである．例えば，RHICのPHENIX実験の場合，金＋金衝突の全断面積の約7%は測定できない．このため，実際に測定できたデータは中心度0-93%になる．中心度選択をしないデータは「最小バイアス・データ」とよぶ．つまりPHENIX実験での金＋金衝突の「最小バイアス・データ」は「中心度0-93%」と同じである．

中心度は個々の原子核衝突イベントを特徴づけるもっとも基本的な量である．同じ原子核同士の同じ衝突エネルギーでの衝突反応であっても，中心度が違えば別の反応になる．このため，実験データや理論予想計算を提示する場合は，衝突エネルギーと衝突核種以外に中心度を指定しなればならない．前節の図6.11（113ページ）で$A \simeq 200$の重い原子核同士の中心衝突での陽子のラピディティー分布の比較をしたが，図の3つのデータはすべて中心度0-5%の中心衝突である．中心度を合わせなければ，こうした比較はあまり意味がない．

関与核子数，核子間衝突数

中心度と関係した量に，関与核子数と核子間衝突数がある．関与核子数N_{part}は，上で説明した反応関与部に含まれた核子の数である．核子間衝突数N_{coll}は，これらの反応関与核子同士が起こす核子同士の衝突の総数である．

関与核子数と核子間衝突数の違いは少しわかりにくいかもしれないので，図6.16を使って説明しよう．

図の一番左は，陽子＋陽子衝突の場合である．この場合，反応に関与してい

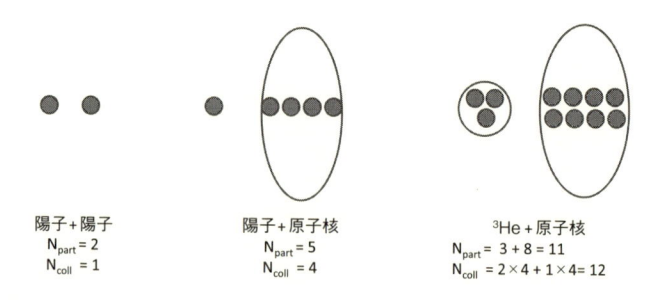

図 6.16　色々な場合の反応関与核子数 $N_{\rm part}$ と核子間衝突数 $N_{\rm coll}$.

るのは 2 個の陽子であり，その間に 1 回の衝突が起こっているので，関与核子数は 2，核子間衝突数は 1 である．陽子＋陽子衝突の場合は，常に $N_{\rm part} = 2$，$N_{\rm coll} = 1$ になる．

　図の中央は，陽子が 1 個，大きな原子核の中心部分に衝突した場合である．この場合，左からきた 1 個の陽子が，原子核中央部にある 4 個の核子と衝突している．関与核子数は 1+4=5 で，核子間衝突数は 4 になる．この図で示したの場合は $N_{\rm part} = 5$, $N_{\rm coll} = 4$ だが，常にそうなるわけではなく，原子核の大きさや衝突の中心度によって変わる．しかし，核子間衝突数と原子核内の関与核子の数は常に等しいので，$N_{\rm part} = N_{\rm coll} + 1$ という関係が常に成り立つ．質量数 A の原子核と陽子の衝突の場合，平均的には約 $A^{1/3}$ 個の核子が縦に並んでいるところに陽子が衝突する．このため，核子間衝突数の平均値は $\langle N_{\rm coll} \rangle \approx A^{1/3}$ となる．金や鉛などの $A = 200$ 程度の重い原子核の場合は $\langle N_{\rm coll} \rangle \approx 6$ である．

　図の一番右は，質量数 3 の原子核であるヘリウム 3 (^{3}He) が大きな原子核の中央付近に衝突した場合である．図のような衝突が起こった場合，関与核子数はヘリウム 3 から 3 個，右側の原子核から 8 個あるので合計 11 個になる．図で，ヘリウム 3 の上側にある 2 個の核子はそれぞれ 4 個の核子と衝突し，下側の 1 個はこれは別の 4 個の核子と衝突している．核子間衝突数は $2 \times 4 + 4 = 12$ になる．もちろん，常にこの図のような衝突が起こるわけではないので，衝突の中心度やヘリウム 3 原子核内の 3 個の核子の位置によって $N_{\rm part}$, $N_{\rm coll}$ の値は衝突ごとに変わる．また，陽子＋原子核衝突の場合にあった $N_{\rm part} = N_{\rm coll} + 1$ のような関係もない．

　大きな原子核同士の衝突の場合，1 個の核子が何度も相手の原子核内の核子と

衝突する．この1個の核子が起こす衝突数は，反応関与部のビーム軸方向の平均的な厚みに比例する．この厚みは，$N_{\text{part}}^{1/3}$ 程度になる．N_{part} 個の関与核子がそれぞれ平均して約 $N_{\text{part}}^{1/3}$ 回の衝突をするので，核子間衝突数はほぼ $N_{\text{part}}^{4/3}$ に比例することになる．

これまでの説明では，1個の核子は自分の進行方向にあるすべての核子と衝突するとしている．この説明に対して，「先頭にある核子と衝突するのはわかるが，その後ろに並んでいる核子たちとどうして衝突できるのだろうか」という疑問を抱いた読者もいるのではないだろうか．1個の核子が複数の核子と衝突できるのは，核子は大きさをもたないクォークやグルーオンからできているためである．クォークやグルーオン同士の散乱断面積は α_s/Q^2 程度なので，核子中のクォークやグルーオンが大きくその進行方向を変えるような Q^2 の大きな散乱が起こる確率は非常に小さい．このため運動量の大きなクォークやグルーオンはほとんど直進して，次々とその前方に並んでいる相手原子核内の核子を突き抜けていく．このため，1個の核子が複数の核子と次々と衝突できるのである．

グラウバー・モデルでの関与核子数，核子間衝突数の計算

反応関与核子数 N_{part} や核子間衝突数 N_{coll} は直接は測定できないものである．しかし，原子核衝突反応の簡単な幾何学的モデルを用いて，各中心度での N_{part} と N_{coll} を計算することができる．この計算に使われるモデルは，グラウバー・モデルとよばれる．

二つの原子核 A と B が衝突パラメータ $\boldsymbol{b}=(b_x,b_y)$ で衝突する場合を考えよう．z 軸は原子核の進行方向にとっている．原子核 A の核子分布密度を $\rho_A(x,y,z)$，B のそれを $\rho_B(x,y,z)$ とする．進行方向に垂直な面上の点 (x,y) での原子核 A の厚み $T_A(x,y)$ は

$$T_A(x,y) = \int dz \rho_A(x,y,z).$$

原子核 A と B がオーバーラップした領域にある核子が核子＋核子衝突を起こした場合について，衝突した核子数を足しあげると N_{part} になり，衝突した回数を足しあげると N_{coll} になる．オーバーラップ領域にある原子核 A 内の核子の xy 平面での座標を $\boldsymbol{s}=(s_x,s_y)$ とすれば，それが原子核 B 内の核子と衝突

する確率は $1 - \exp(-\sigma_{NN} T_B(s_x - b_x, s_y - b_y))$ になる．ここで σ_{NN} は核子－核子の非弾性散乱の全断面積．これから N_{part}, N_{coll} は次のように計算できる．

$$T_{AB}(b_x, b_y) = \int ds_x ds_y T_A(s_x, s_y) T_B(s_x - b_x, s_y - b_y)$$

$$N_{\text{part(b)}} = \int ds_x ds_y T_A(s_x, s_y)(1 - \exp(-\sigma_{NN} T_B(s_x - b_x, s_y - b_y)))$$

$$+ \int ds_x ds_y T_B(s_x - b_x, s_y - b_y)(1 - \exp(-\sigma_{NN} T_A(s_x, s_y)))$$

$$N_{\text{coll}} = \int ds_x ds_y \sigma_{NN} T_A(s_x, s_y) T_B(s_x - b_x, s_y - b_y)$$

$$= \sigma_{NN} T_{AB}(b)$$

ここで，$T_{AB}(b)$ は「原子核重なり関数」とよばれる．衝突する原子核が同じ場合 $(A = B)$ は T_{AA} と書き，陽子＋原子核衝突 $(p + A)$ の場合は T_{pA} と書くこともある．金＋金衝突の場合は，T_{AuAu} である．

原子核中の核子数は A, B なので，

$$\int dx dy T_A(x, y) = A, \int dx dy T_B(x, y) = B$$

$$\int db_x db_y T_{AB}(b_x, b_y) = \int db 2\pi b T_{AB}(b) = AB.$$

実際のグラウバーモデル計算は，以下のような原子核衝突の幾何学的なモンテカルロ・シミュレーション計算で行う．まず，原子核中の核子密度分布に従って，原子核内に核子を配置する．核子密度分布は，電子と原子核の弾性散乱などによって測定されている．厳密にいえば，電子散乱で測定されるのは原子核内の電荷の分布なので，陽子の分布密度になるのだが，中性子の分布密度も陽子の分布密度もほぼ同じと考えられるので，それを核子の分布密度として使っている[4]．次に，こうして作られた 2 原子核間の衝突径数をランダムに変化させて衝突させ，その重なり部分にある核子数を数えて関与核子数とし，また関与核子同士の衝突の数を数えて核子間衝突数とするのである．こうしたシミュレーション計算を繰り返すことにより，関与核子数分布や核子間衝突数分布が

---

[4] 中性子の数が極端に過剰な原子核の場合は，中性子の分布が陽子よりも広がっていると考えられるが，原子核衝突実験に用いられる安定な原子核の場合そうした効果は小さい．

計算でき，また，それぞれの中心度での平均関与核子数や平均核子間衝突数が計算できる．

計算にあたっては，原子核中の核子は，原子核の静止系で停止しているとし，またすべての核子はビーム方向に直線運動をしているとして計算する．RHICのような高エネルギーの原子核衝突の場合，2原子核は一瞬のうちにすれ違ってしまうので，その間に核子はほとんど動くことができない．衝突エネルギー $\sqrt{s_{NN}} = 200$ GeV の金原子核衝突の場合の交差時間は 0.12 fm/c であり，この間に核子（または核子内のパートン）が横方向に移動できる距離はたかだか 0.12 fm で核子の半径 0.8 fm より小さい．だからこの「原子核内で静止し，直線運動する」という近似が成り立つ．

表 6.2 に，このようなグラウバー計算で計算された，金＋金衝突の中心度とそれに対応する原子核重なり関数 (T_{AA})，核子間衝突数，関与核子数をまとめる．

金原子核の質量数が $A = 197$ なので，N_part の最大値はその 2 倍の 394 になる．中心度が 0-5% の最中心衝突では，$N_\text{part} = 351$ で全核子の 9 割が反応に関与している．このときの核子間衝突数は 1065 で，N_part の約 3 倍である．これは金原子核の平均的な厚みはほぼ核子 6 個分 ($197^{1/3} \simeq 6$) なので，関与核子がそれぞれ平均 6 回の衝突をし，1 回の核子衝突には 2 個の関与核子が関わるためだと理解できる．

80-92% という最周辺衝突では関与核子数は 6，核子間衝突数は 5 にすぎない．

表 **6.2** 金＋金衝突での中心度と原子核重なり関数 (T_{AA})，核子間衝突数（N_coll）および関与核子数（N_part）．出典: PHENIX 実験 Physical Review C69, 034909 (2004).

中心度	$T_{AA}(\text{mb}^{-1})$	$\langle N_\text{coll} \rangle$	$\langle N_\text{part} \rangle$
0-5%	25.4	1065	351
0-10%	22.8	955	325
10-20%	14.4	603	235
20-30%	8.90	374	167
30-40%	5.23	220	114
40-50%	2.86	120	74
50-60%	1.45	61	46
60-70%	0.68	29	26
70-80%	0.30	12	13
80-92%	0.12	5	6
最小バイアス	6.14	258	109

この場合は，核子＋核子衝突が 2 〜 3 回同時に起こっているのとほとんど変わらず，そこでは QGP は生み出されていないと考えらえる．このため，こうした最周辺衝突は，中心衝突で起こっている現象を理解するうえでの良い比較対象になる．

中心度の測定

　中心度は実験的には発生粒子数などを測定することで決定する．図 6.17 は RHIC の PHENIX 実験での中心度測定方法を説明している．PHENIX 実験では BBC 測定器と ZDC 測定器というの測定器を使って中心度を測定している．

　BBC はビーム・ビーム・カウンターの略である．この装置は 2 台あって，それぞれビーム衝突点の前方と後方のビームパイプの周りをぐるりと 360° 取り巻いて，擬ラピディティー $3.0 < |\eta| < 3.9$ の範囲に発生した荷電粒子の総数を測定する．ビーム軸からの角度 θ でいえば 2.3〜5.7° を覆っている．32 ページで説明したように，光速に近い粒子に対しては擬ラピディティー η とラピディティー y はほとんど同じになる．したがって，BBC 測定器はラピディティーの範囲 $3.0 < |y| < 3.9$ に発生した荷電粒子の総数を測定していることになる．このラピディティー領域に発生する荷電粒子の数は関与核子数 N_{part} にほぼ比例

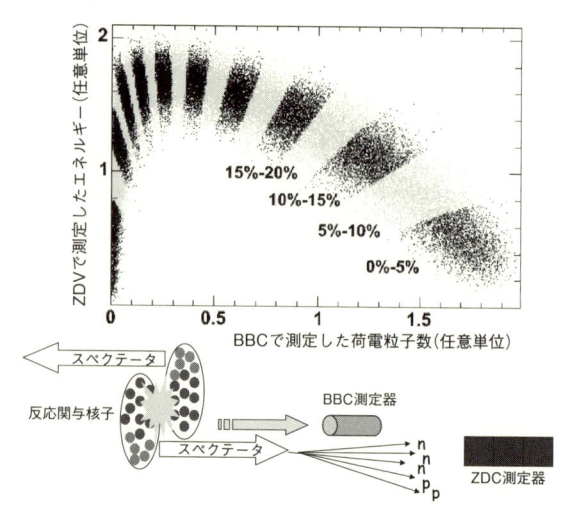

図 6.17　RHIC の PHENIX 実験での中心度の測定方法．詳細は本文を参照．

するので，BBC はほぼ N_{part} を測定していることになる．

ZDC はゼロ度カロリメータの略で，ビーム軸方向 0° に放出される中性子の全エネルギーを測定する装置である．ビーム軸方向ゼロ度に放出されるのは，反応に関与せずに原子核から引きちぎれたスペクテーターで，ZDC に入ってくる中性子のエネルギーは核子あたりのビームエネルギーに等しい．したがって，ZDC で測定する全エネルギーはスペクテーター核子の数 N_{spec} にほぼ比例する．

図 6.17 の上にあるの図は衝突エネルギー 200 GeV の金＋金衝突でのデータである．図の縦軸は BBC で測定した荷電粒子数，横軸は ZDC で測定した全エネルギーになる．BBC の測定量は N_{part} にほぼ比例し，ZDC の測定量は N_{spec} にほぼ比例する．$N_{part} + N_{spec}$ は衝突する二つの金原子核の全核子数，つまり金の質量数 197 の 2 倍に等しいので，BBC と ZDC の測定量には強い負の相関があるはずだが，データはこの予想通りの負の相関を示し，BBC+ZDC はほぼ一定になっている．

BBC の荷電数が大きく，ZDC のエネルギーが小さいほど中心度は高くなる．図の右下が一番中心度が高く，分布に沿って左上に進むほど中心度が低くなる．PHENIX 実験では図に示したように，この 2 次元の BBC-ZDC の相関から中心度を決定している．

この 2 次元データ上でどのように中心度選択のカットを入れるかにはある程度の任意性がある．このように実験測定上定義された中心度選択に対応する N_{part} や N_{coll} は，BBC と ZDC の測定器の反応を先に述べたグラウバー・シミュレーションに組み合わせて，実験で行っているのと同様の中心度選択をシミュレーションに対して行うことで計算する．表 6.2 での N_{part}, N_{coll} はそうしたシミュレーションで計算されている．

図 6.18 は BBC 測定器で測定された荷電粒子数分布である．先に述べたように，BBC で測定される荷電粒子数は関与核子数 N_{part} にほぼ比例するので，この分布の形はは関与核子数分布に近い．BBC 荷電粒子数が大きいほど中心衝突になる．中心度の推定として BBC での荷電粒子数だけを使うこともできる．その場合，BBC で測定された荷電粒子数が一番大きな 5% を中心度 0-5% 次に大きな 5% を中心度 5-10% のように定義する．このように定義した中心度について N_{part}, N_{coll} を計算しても，先に述べた BBC+ZDC の組合せで中心度を

定義した場合とほとんど同じになる．

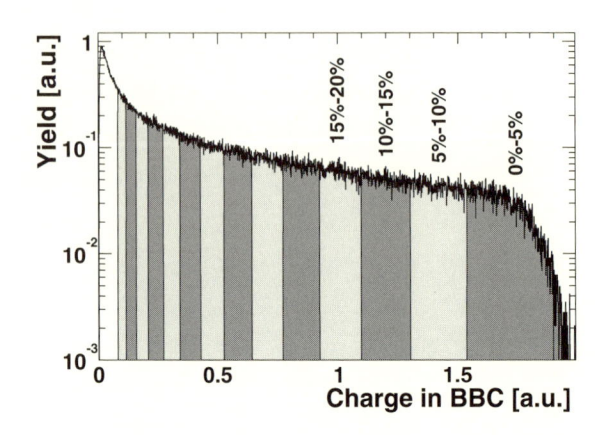

図 6.18　BBC での粒子数分布 1．出典：PHENIX 実験 Physical Review C71, 034908 (2005).

第7章 RHICでのクォーク・グルーオン・プラズマの発見

2000年にRHICが稼働を開始して以来，200 GeVという高エネルギーでの金原子核衝突での非常に多くのデータが集積された．その結果，2005年までに，RHICの金原子核衝突で「高密度パートン物質」が生み出されていることがわかった．これは多くの実験結果を総合して得られた結論だが，その中でもっとも重要な根拠となったのは，

1. ジェット・クエンチング
2. 強い楕円型フロー

とよばれる2大発見である．

前者は，金原子核衝突での高横運動量粒子の生成率が，核子＋核子衝突の単なる重ね合わせから予想されるものに比べて大きく抑制されているという現象である．ジェット抑制が起こるのは，衝突反応領域に高密度の物質が作られ，そこを高横運動量のクォークやグルーオンが通過する間に大きなエネルギー損失をしているためと考えられる．これは，クォークやグルーオンが大きなエネルギー損失をこうむるような高密度物質が作られていることを意味する．

後者は衝突で発生する粒子が $1 + 2v_2 \cos 2\phi$ という方位角分布をもつという現象である．ここで ϕ は反応平面から測った発生粒子の放出方位角である．原子核衝突で生み出される高密度物質は，衝突直後は反応平面方向に短い楕円状をしている．この楕円状の QGP が高い内部圧力によって膨張する結果，反応平面方向により多くの粒子が放出され，楕円フローが生ずる．

2010年には，RHICの金＋金衝突からは，大量の直接光子が発生していることが発見された．この直接光子は，高温のQGPから発生している熱的光子であると考えられる．溶鉱炉内の熱く溶けた鉄が光り輝くように，高温の物質は

光を放射する．これは熱エネルギーの一部が光に変わるためである．RHIC の原子核衝突から発生する大量の直接光子は，高温状態が実現していることの直接的な証拠となる．また，発生光子のエネルギー分布から初期温度を推定すると 300〜600 MeV となり，格子 QCD 理論から計算された QGP への転移温度を超えていることがわかった．

この章では，RHIC でのこれら 3 つの発見を中心に，RHIC での QGP の発見について解説する．

7.1 ブジョルケン・エネルギー密度

まず，RHIC での原子核衝突反応では，どの程度の初期エネルギー密度が達成されているかをみてみよう．初期エネルギー密度を推定にはブジョルケン・エネルギー密度の公式（119 ページ 式 (6.2)）を用いる．

図 7.1 は金＋金衝突でのブジョルケン・エネルギー密度を関与核子数 N_{part} の関数として示したものである．カロリメータで測定した全横エネルギー $E_T = \sum_i E_i \sin\theta_i$ の測定値から，測定器の反応やアクセプタンスの補正をして dE_T/dy を求める，これにブジョルケン・エネルギー密度の式（式 (6.2)）

$$\varepsilon = \frac{1}{c\tau_0 A} \frac{dE_T}{dy}$$

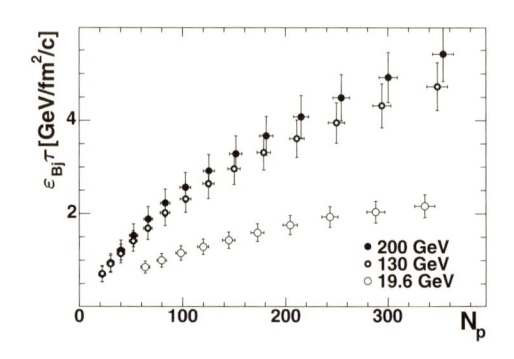

図 7.1 PHENIX 実験による衝突エネルギー 200 GeV, 130 GeV, 19.7 GeV での金＋金衝突でのブジョルケン・エネルギー密度 ε_{BJ} の測定結果．横軸 N_p は関与核子数．出典：PHENIX 実験 Physical Review C71, 034908 (2005).

を適用して計算する．反応領域の断面積 A は，中心度ごとにグラウバー・モデルで計算し，熱平衡化時間は $\tau_0 = 1$ fm/c としている．

こうして求められたブジョルケン・エネルギー密度は，関与核子数 N_{part} とともに増加し，衝突エネルギー 200 GeV で中心度 0-5% の最中心衝突では 5.5 GeV/fm^3 に達する．これは，相転移に必要なエネルギー密度の約 1 GeV/fm^3 よりもかなり大きい．熱平衡化時間が 1 fm/c 程度以下であれば，QGP を生み出すのに必要なエネルギー密度に到達していることがわかる．

7.2 ハドロン生成：終状態での熱平衡の達成

ブジョルケン・エネルギー密度の測定から，熱平衡化時間が 1 fm/c 程度以下ならば，QGP 相が実現するのに十分なエネルギー密度が達成されていることがわかった．それでは，局所熱平衡化は実現しているのだろうか．

RHIC 開始以前に原子核衝突実験が行われた AGS 加速器や SPS 加速器での実験の結果，原子核衝突反応から生じるハドロンの生成量と運動量分布は，以下に示す系の膨張を伴う熱平衡モデルで良く説明できることがわかっていた．このため，RHIC での実験で次に測定されたのは，横運動量が数 GeV/c 以下のハドロンの生成量とその運動量分布であった．横運動量が 2 GeV/c 以下のハドロンは，反応から生じる粒子の大部分（≈99%）を占める．これらのハドロンは，反応の最終状態で生み出される．もしその分布が熱平衡モデルと合わなければ，そもそも熱平衡が反応の終状態でも達成されていなかったことになる．

膨張を伴う熱平衡モデル

系が完全な熱平衡状態のハドロンガスだとしよう．この場合，粒子の運動量分布は統計力学での熱分布に従うはずである．スピンが整数の粒子（ボゾン）はボーズ分布，スピンが半整数の粒子（フェルミオン）はフェルミ分布に従うので，ハドロン i の運動量分布は

$$\frac{d^3 n_i}{dp^3} = \frac{2J_i + 1}{2\pi^3} \frac{1}{\exp[(\sqrt{p^2 - m_i^2} - \mu_i)/T] \pm 1} \tag{7.1}$$

で与えられる．ここで，J_i と m_i はハドロン i のスピンと質量で，T は温度で

ある．μ_i は化学ポテンシャルで，これについては次節で説明する．± の + は
フェルミ分布で − はボーズ分布になる．原子核衝突はダイナミックな現象なの
で，このような静的な熱平衡状態は実現しない．しかし，こうした熱平衡分布
が局所的に実現していると考えらえる．

115 ページで説明したように，原子核衝突反応は

1. 反応初期の前熱平衡状態
2. 熱平衡化による QGP 相の実現
3. QGP 相
4. QGP 相からハドロン・ガスへの「相転移」($T = T_c \approx 160$ MeV)
5. ハドロン・ガス
6. 反応の終了（凍結 freezeout）($T = T_\text{fo}$ 凍結温度)

という段階を経る．この全期間を通じて，粒子間（QGP 相ではパートン間，ハ
ドロン・ガスではハドロン間）の散乱が繰り返される結果，外側方向への集団的
膨張運動が生み出される．反応終了時のハドロンの運動量分布は，したがって，
温度 T_fo の熱運動量分布に集団膨張速度 β_T が重なったものになるはずである．

RHIC でのハドロン運動量分布：熱的凍結温度と膨張速度

図 7.2 に重心系衝突エネルギー $\sqrt{s_{NN}} = 200$ GeV の金＋金衝突（中心度
0-10%）での $\pi^\pm$, $K^\pm$, p, $\bar{p}$ と ϕ 粒子の不変生成量を示す（ϕ 粒子は質量が
1.02 GeV のメソンで，クォーク構成は $\bar{s}s$．表 2.1 参照）．図中のカーブは，上
に述べた「膨張を伴う熱平衡分布」モデルの一つである「爆風（blast wave）モ
デル」によるフィット結果である．実線で描かれているのは，フィットに使っ
たデータ点の p_T 領域で，それ以外では点線で描かれている．モデルのパラメー
タは，温度 T_fo と膨張速度 β_T の二つと各粒子の全生成量である．このモデル
で扱うのは運動量分布の形だけで，各粒子の全生成量は，次に説明する「化学
熱平衡モデル」で扱われる．$\pi^\pm$, $K^\pm$, p, $\bar{p}$, ϕ のデータにモデル曲線が非常
に良く合っている．

高い横運動量 p_T の領域では，フィット曲線はデータ点より下になっている．
例えば，$\pi^\pm$ については，$p_T > 2$ GeV/c でモデルのデータ点からのずれが顕著
に見える．これは，7.3 節で説明するように，反応初期に起こるハード散乱の影

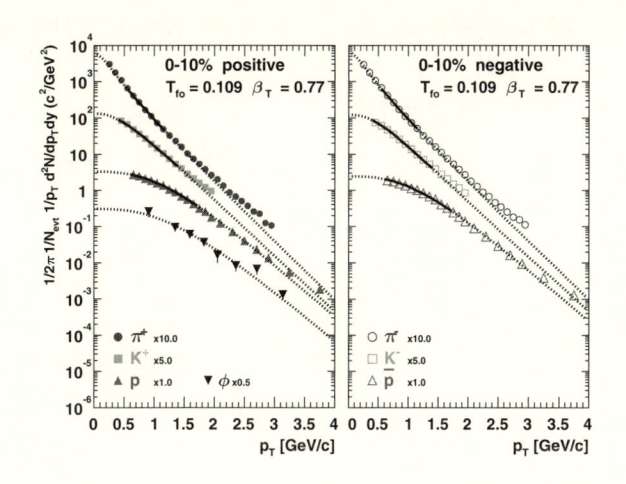

図 7.2 重心系衝突エネルギー $\sqrt{s_{NN}} = 200$ GeV の金＋金衝突（中心度 0-10%）での $\pi^{\pm}$, $K^{\pm}$, p, $\bar{p}$ と ϕ 粒子の不変生成量．図中のカーブは「爆風 (Blast Wave) モデル」によるフィット結果．出典：PHENIX 実験 Physical Review C72,014903(2005)

響である．ハード散乱によって生み出される高横運動量のハドロンは熱平衡状態に達していないので，2 GeV/c 以上の「高横運動量領域」は熱平衡モデルの適用範囲外と考えられる．したがって，π, K については 2 GeV/c, p, $\bar{p}$ については 3.5 GeV/c 程度までデータを良く記述できることは十分に満足すべきものといえる．また，ϕ 粒子については，そのデータはフィットに使われていないが，モデル曲線はデータと良く合っている．

フィットの結果，二つのモデル・パラメータは凍結温度 $T_{\rm fo}$=109 MeV，膨張速度 $\beta_{\rm T}$=0.77 と求まる．この結果によれば，反応終了時の系は局所温度が 109 MeV のハドロンガスで，それが表面速度が光速 c の 0.77 倍で膨張していることになる．

ハドロン生成比と化学熱平衡モデル

ハドロンの生成量も，熱平衡モデルで良く説明することができる．ハドロンの生成量を扱う熱平衡モデルは，ハドロン間の「化学的熱平衡」のモデルという意味で，特に「化学熱平衡モデル」とよばれる．

反応領域の時間発展の最後，ハドロンガスの凍結（＝反応終了）は 2 段階で起こると考えられる．これは，ハドロン間の反応には，$\pi+\pi \to K+K$ のようにハドロンの種類が変わる「非弾性散乱」と $\pi+\pi \to \pi+\pi$ のように種類が変わらない「弾性散乱」の 2 種類があり，非弾性散乱の断面積が弾性散乱の断面積よりも小さいからである．系の膨張に伴って温度・密度が下がると，まず断面積が小さな非弾性散乱が起こらなくなる．この結果，ハドロン・ガス内のハドロン構成比が凍結する．このときの温度を「化学凍結温度」T_ch とよぶ．「化学凍結」という言葉を使うのは，ハドロンの種類が変わる反応は一種の「化学反応」だとみて，そうした化学反応が起こらなくなる温度という意味である．さらに温度・密度が下がると，ハドロン間の弾性散乱も起こらなくなり，ハドロンの運動量分布が凍結し，反応が終了する．このときの温度が凍結温度 T_fo である．化学熱平衡モデルにはいくつかのバリエーションがあるが，基本的には，ハドロンの生成量は式 (7.1) で温度 T を化学的凍結温度 T_ch としたときの分布から求められると考える．したがって，ハドロン i の生成量 N_i は

$$N_i = \frac{(2J_i+1)V}{2\pi^2} \int_0^\infty \frac{p^2 dp}{\exp[(\sqrt{p^2-m_i^2}-\mu_i)/T_\mathrm{ch}] \pm 1}$$

ここで，V は，化学凍結が起こる時点での反応領域の体積で，符号 $\pm$ の $+$ はバリオン，$-$ はメソンの場合である．

μ_i は化学ポテンシャルで，ハドロン i のクォーク構成から，$\mu_i = \mu_q q_i + \mu_s S_i$ と決まる．ここで μ_q は軽クォーク化学ポテンシャル，μ_s は s クォークの化学ポテンシャル，Q_i はハドロン i がもつ正味の u, d クォーク数（$Q_i = \langle u-\bar{u}+d-\bar{d}\rangle$），$S_i$ はハドロン i がもつ正味の s クォークの数（$S_i = \langle s-\bar{s}\rangle$）である．例えば，陽子は uud なので $Q=3, S=0$ で $\mu = 3\mu_q$ となり，K^+ は $\bar{s}u$ なので $Q=1$，$S=-1$ で $\mu = \mu_q - \mu_s$ となる．

化学ポテンシャルは，バリオンと反バリオンの生成量の差を表している．例えば陽子の生成量 N_p と反陽子の生成量 $N_{\bar{p}}$ は，

$$N_p = \frac{V}{\pi^2} \int_0^\infty \frac{p^2 dp}{\exp[(\sqrt{p^2-m_p^2}-3\mu_q)/T_\mathrm{ch}] + 1},$$
$$N_{\bar{p}} = \frac{V}{\pi^2} \int_0^\infty \frac{p^2 dp}{\exp[(\sqrt{p^2-m_p^2}+3\mu_q)/T_\mathrm{ch}] + 1}.$$

$\mu_q > 0$ ならば $N_p > N_{\bar{p}}$ なので，正味の陽子数はプラスになる．

7.2 ハドロン生成：終状態での熱平衡の達成

RHIC での高エネルギー原子核衝突では，バリオン数は反応領域をすり抜け，中心ラピディティー領域にバリオン密度がほとんどゼロの高温状態が作られる（115 ページ参照）．しかし，「ほとんどゼロ」であっても，完全にゼロではない．このゼロでないバリオン密度が，パウリ排他原理によって，バリオンの分布と反バリオンの分布に差を生み出す．この差を熱力学的に表現したものが，軽クォークの化学ポテンシャル μ_q である．μ_q は，QCD 相図（80 ページ 図 5.4 の右）の横軸に対応する．

実際のモデル計算では，この熱的生成量にハドロン崩壊の補正を加える．実験で容易に測定できるハドロンは，p, K, π, Λ など，比較的寿命の長いハドロンである．しかし，こうした長寿命なハドロンの種類は少数で，大部分は Δ, N^*, K^* などの非常に短寿命な「ハドロン共鳴」である．ハドロン共鳴のほとんどは 10^{-20} 秒以下で崩壊し，ほかのハドロンになる．実験で測定されるハドロン生成量には，こうしたハドロン共鳴の崩壊からの寄与が含まれている．例えば，π の半分以上は $\rho \to \pi\pi$, $K^* \to K\pi$, $\Delta \to N\pi$ といった崩壊で生み出されている．化学熱平衡モデルでは，こうした崩壊を考慮してハドロン生成量を計算する．既知のハドロン共鳴の熱的生成量を上の式に基づいて計算し，その崩壊からの寄与を加えて最終的なハドロン生成量とする．熱平衡モデルでは，質量 M の大きなハドロン共鳴の生成量は $\exp(-M/T)$ のように抑制されるので，ある程度以上大きな質量をもったハドロン共鳴の寄与は無視できる．通常は，質量が 2 GeV 程度以下のハドロン共鳴を含めて計算する．

図 7.3 は，RHIC の $\sqrt{s_{NN}} = 200$ GeV での金＋金中心衝突（中心度 0-10 %）の中心ラピディティー領域でのハドロン生成量の比を，「化学熱平衡モデル」でフィットした結果である．図の縦軸は，ハドロンの生成量の比で，例えば K^+/π^+ は K^+ の生成量を π^+ の生成量で割った比である．RHIC での測定結果はデータ点で，モデルの計算値は線で表されている．

ハドロン生成量の比でモデルとデータを比較するのは，モデル・パラメータの一つである反応領域体積 V が打ち消されるからである．残るパラメータは化学凍結温度 $T_{\rm ch}$，軽クォーク化学ポテンシャル μ_q，ストレンジネス化学ポテンシャルの3つになる．ただし，この図に示したモデルは，以上の3個のほかにストレンジネス抑制因子 γ_s という 4 番目のパラメータをもつ．これは，s と $\bar{s}$ の生成量が熱平衡からずれている程度を表すパラメータで，s クォークまたは

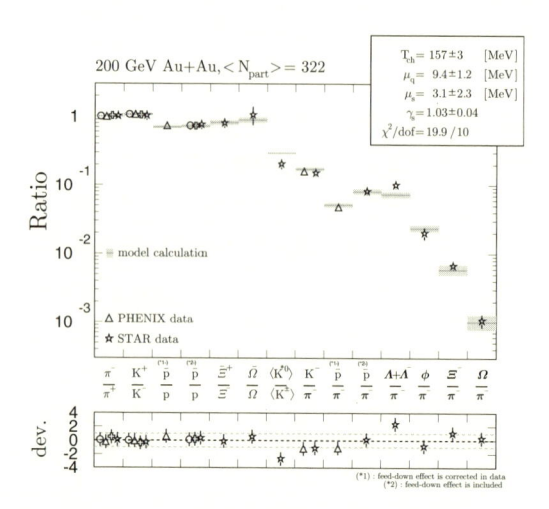

図 7.3 ハドロン生成比のデータと化学熱平衡モデルの比較．出典：M. Kaneta and N. Xu, arXiv:nucl-th/0405068 (2004).

反 s クォークをもつハドロンに $\gamma_s^{\langle s+\bar{s}\rangle}$ という因子がかかる．図の下段は測定値とモデル計算値のずれを，測定エラーの標準偏差 σ で割った量である．すべてのデータ点に対して，モデルが $\pm 2\sigma$ の範囲でデータと一致している．

　フィットの結果求まったモデルのパラメータは

　　化学凍結温度 $T_{\rm ch} = 157 \pm 3$ MeV

　　軽クォーク化学ポテンシャル $\mu_q = 9.4 \pm 1.2$ MeV

　　ストレンジネス化学ポテンシャル μ_s 3.1 ± 2.3 MeV

　　ストレンジネス抑制因子 $\gamma_s = 1.03 \pm 0.04$．

μ_q の値はゼロに近く，正味のバリオンがほとんどないことを示している．始状態の原子核は正味のストレンジネスを含んでいないので，μ_s は 0 になるはずだが，フィットで得られた値は 0 とほぼ一致している．γ_s の値は誤差の範囲で 1.0 であり，これはストレンジネス生成が熱平衡に達していることを意味する．このモデルでは μ_s, γ_s というパラメータが含まれているが，この 2 パラメータを $\mu_s = 0, \gamma_s = 1$ と固定してもほとんど変わらない．つまり，ハドロン組成は，$T_{\rm ch} \approx 160$ MeV, $\mu_q \approx 30$ MeV というわずか二つのパラメータでほぼ説明ができることになる．

ハドロン相での熱平衡の実現

RHICでのハドロン生成データは，熱平衡モデルで非常に良く記述することができることがわかった．ハドロンの生成比は化学凍結温度 T_{ch}（約160 MeV）でクォーク化学ポテンシャルがほぼゼロの熱分布で説明でき，運動量分布は凍結温度 T_{fo}（約110 MeV）の熱分布に速度約 $0.77c$ の膨張運動が加わったもので説明できる．これから，反応の最終段階では，局所熱平衡状態にあるハドロン・ガスが作られていると考えられる．また，T_{ch} が T_{fo} より高いことは，まず化学凍結が起こってハドロン・ガスの組成が決まり，その後さらに温度が下がってから運動量分布も凍結するというハドロン・ガスの時間発展描像と合っている．

ハドロン組成から求まった化学凍結温度が約160 MeVで，QGP相転移温度 T_c に非常に近い．これは，反応初期にQGP相が作られていて，それがハドロン相に変わるとき，ほぼ同時に化学凍結が起こっているという仮説と合う．つまり，QGPがハドロン相に変わるとき T_c での熱分布に従ってハドロンが生み出され，それがハドロン・ガスの初期状態での組成を決める．その後の系の膨張速度に比べてハドロン組成を変える非弾性散乱の断面積が小さいために，ハドロン・ガスの組成は T_c で決まった組成に凍結されたまま保たれる．この仮説に従えば，化学凍結温度は同時に相転移温度 T_c になる．

7.3　発見1：高横運動量粒子生成の抑制

高横運動量粒子生成の抑制の最初の測定結果

RHICの金＋金衝突実験が開始されて間もなく，反応から生じる高横運動量の粒子の生成量が陽子＋陽子の場合に比べて強く抑制されていることが発見された．ここで，横運動量 p_T は，粒子がもつ運動量のビーム軸から直角方向の成分である．横運動量 p_T はビーム軸方向のローレンツ変換によって変化しない．

図7.4は，この発見を最初に報告した論文に示された図である．この図には，荷電粒子（図中で $(h^+ + h^-)/2$）と π^0 の測定結果が示されている．図の横軸 p_T は粒子 ($h^\pm$, π^0) の横運動量で，図の縦軸 R_{AA} は金＋金衝突の場合の粒子生成量と「高密度物質が生成されていなかった場合に予想される生成量」との比である．R_{AA} のより詳しい定義は後に説明する．もし高密度物質が生み出されて

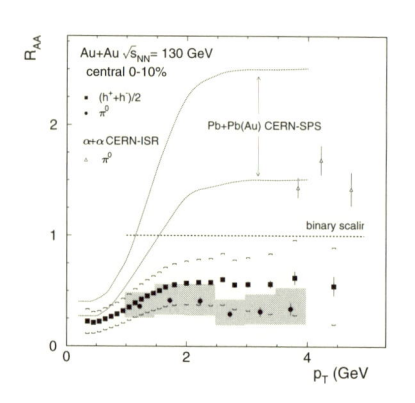

図 7.4 衝突エネルギー 130 GeV の金＋金衝突での荷電粒子 $h^\pm$ と (π^0) の生成抑制度 R_{AA} の測定結果．出典：PHENIX 実験 Physical Review Letters 88, 022301 (2002).

いなければ，$R_{AA} = 1.0$ になる．データは，π^0 も荷電粒子も R_{AA} が 1 を大きく下回っている．これは，高横運動量をもった粒子の生成量が強く抑制されていることを意味する．この現象を「ジェット・クエンチング」とよぶ．

高横運動量粒子：反応領域のプローブ

図 7.4 の意味を理解するために，そもそも何故高横運動量粒子を測定したのかを説明しよう．

未知の試料の内部がどうなっているかをを調べるための有力な方法は「性質がよくわかっているものをプローブとして試料に打ち込み，プローブが試料によってどう影響されるかをみる」という方法である．例えば，健康診断で X 線写真を撮るのは，X 線というプローブで，その人体内部を調べている．原子核衝突実験でも，反応領域の内部で何が起こっているかを調べるには，X 線のようなプローブが必要になる．理想的には，反応領域に外部から電子などをプローブとして打ち込むことができればよいのだが，それはできない．このため，「反応領域内で発生して，その性質がよくわかっているもの」をプローブとして用いることになる．RHIC の実験で高横運動量のハドロンを測定するのは，それが反応領域を調べるための非常に良いプローブになるからである．

核子間衝突数スケーリング

 陽子＋陽子衝突の場合，$p_T > 2\text{ GeV}/c$ のハドロンのほとんどがハード成分であり，その生成断面積は摂動論的 QCD で計算できる（110 ページ）．それでは，原子核衝突の場合の高横運動量ハドロンの生成量はどうなるだろうか．

 高横運動量のハドロンは，パートン同士のハード散乱によって生み出されるので，その生成量はパートン間のハード散乱が起こる頻度に比例する．原子核衝突の場合も，高横運動量ハドロンの生成量は，パートン間のハード散乱が起こる頻度に比例するはずである．ただし，この場合のハード散乱頻度は，1 回の原子核衝突で起こるすべての核子間衝突でのハード散乱頻度を足し合わせたものになる．したがって，原子核衝突での高横運動量ハドロンの生成量は核子間衝突数 N_{coll} に比例する．これを核子間衝突数スケーリングという．

 例えば，p_T が 3 GeV/c 以上の π^0 が陽子＋陽子衝突 1000 回あたりに 1 個発生するとしよう．これは，p_T が 3 GeV/c 以上の π^0 を生み出すハードなパートン間衝突が起こる頻度は核子衝突 1 回あたり 1/1000 であることを意味している．金原子核同士の中心衝突では，N_{coll} は約 1000 なので，スケーリングが成り立てば，中心衝突 1 回あたり $1/1000 \times 1000 = 1$ 個の割合で p_T が 3 GeV/c 以上の π^0 が生み出されるはずである．

 読者のなかには，「原子核内には陽子と中性子があるから，核子間の衝突としては陽子＋陽子，陽子＋中性子，中性子＋中性子の 3 種類があるはずだ．それを区別しなくてよいのだろうか」という疑問をもった方もいるかもしれない．これは高横運動量ハドロンの生成量，特に π^0 の生成量はこれら 3 種類の衝突でほとんど同じなので，それらを区別せず核子間数だけを考えるので十分だからである．ただし，非常に高い p_T では，陽子と中性子の u クォークと d クォークの分布の違いから，電荷が 0 でないハドロンの生成量（例えば π^+ や π^-）については，陽子＋陽子と陽子＋中性子で違いが生じるが，それでもその違いは大きくない．

 「図 6.16（122 ページ）の中央や右の図のように，1 個の核子が複数の核子と衝突する場合，最初に起こる衝突と，最後に起こる衝突が同じなのだろうか？この図では，1 個の核子が複数の核子を次々と突き抜けていくように描いている．1 個の核子を突き抜けるごとに，何か変化はないのだろうか？」という疑問をもった読者もいるかもしれない．「最初の衝突」と「最後の衝突」で差がない

のは，高横運動量のハドロンを生み出すのは，大きな運動量をもったパートンだからである．こうしたパートンは，大きな Q^2 の散乱を起こさない限り直進して，次々とその進行方向にある核子を突き抜けてゆくので，「先頭の核子」内のパートンとも，「最後方の核子」内のパートンとも平等に衝突しうるのである．もし「先頭の核子」を通過する際に Q^2 の大きな大角度散乱を起こせば，その後方にある核子内のパートンとは衝突できなくなるはずなので，厳密には平等でないのだが，そのように大きな Q^2 の散乱が起こる確率は小さいので無視できると考えられる．

実際に核子間衝突数スケーリングが成り立っているかどうかは，原子核衝突でのハドロンの生成量を陽子＋陽子衝突での生成量と比較することで調べることができる．この比較のために原子核効果比 R_{AA} を以下のように定義する．

$$R_{AA} = \frac{E\frac{d^3 N_{AA}}{dp^3}}{N_{\mathrm{coll}} E\frac{d^3 N_{pp}}{dp^3}} = \frac{E\frac{d^3 N_{AA}}{dp^3}}{T_{AA} E\frac{d^3 \sigma_{pp}}{dp^3}}$$

ここで，$E\frac{d^3 N_{AA}}{dp^3}$ は原子核衝突 $A+A$ での不変生成量，$E\frac{d^3 N_{pp}}{dp^3}$ は陽子＋陽子衝突での不変生成量，N_{coll} は核子間衝突数，T_{AA} は，原子核同士のオーバーラップ積分である．核子間衝突数スケーリングが成り立っていれば，$A+A$ での不変生成量は $p+p$ での不変生成量に N_{coll} をかけたものになるので，R_{AA} は 1.0 になる．

金＋金衝突での高横運動量 π^0 生成の抑制

先に示した図 7.4 の縦軸は，ここで定義した R_{AA} である．図のデータは R_{AA} が 0.3 程度と非常に小さいことを示している．これは，RHIC での原子核衝突反応では，高横運動量ハドロン生成の核子間衝突数スケーリングが大きく破れていることを意味する．

図 7.4 は高運動量ハドロンの抑制を報告した最初の論文のデータで，RHIC が稼働した最初の年 2000 年に行われた 130 GeV での金＋金衝突での原子核効果比 R_{AA} の測定結果である．最初の結果なので，データ量が少なく，測定した横運動量 p_T の範囲も 4 GeV/c 以下と限られていた．2001 年以後は衝突エネルギーは 200 GeV に上がり，またデータ量も飛躍的に増加したので，R_{AA} の測定範囲は拡大した．

7.3 発見1：高横運動量粒子生成の抑制　　141

　図 7.5 は，2007 年に行われた 200 GeV の金＋金衝突実験（中心度 0-5%）での π^0 の R_{AA} の測定結果である．データ量は 2000 年の約 1000 倍になり，測定の p_T 範囲が 20 GeV/c まで拡大している．R_{AA} はこの図に示した $p_T > 5$ GeV/c の範囲で 0.2〜0.3 の間にあり，π^0 生成量が非常に強く抑制されていることがわかる．R_{AA} はほぼ一定だが，高い p_T では少し大きくなっているように見える．この変化を定量的にみるために，$7 < p_T < 20$ GeV/c のデータを直線 $y = a + bp_T$ でフィットした結果が図に示された直線である．フィット結果得られた直線の傾きは $b = 1.06^{+0.34}_{-0.29}$ で，p_T が高くなるにつれて $R_{AA}(p_T)$ がわずかに大きくなることを示している．ここに示したのは π^0 の R_{AA} だが，ほかのハドロンについても R_{AA} が測定されていて，同様に強い抑制が高横運動量で観測されている．抑制度はハドロンの種類によらずほとんど同じである．

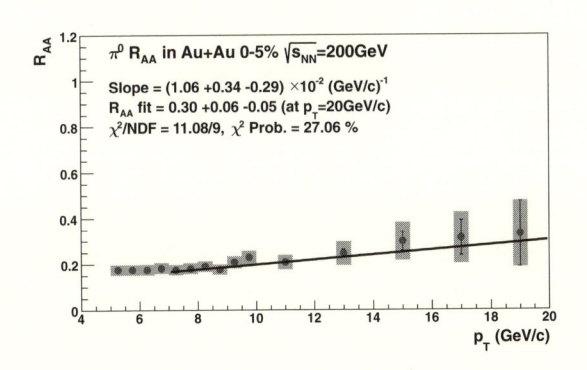

図 7.5　衝突エネルギー $\sqrt{s_{NN}}$ =200 GeV の金＋金衝突（中心度 0-5%）での π^0 生成の原子核効果比 R_{AA} の測定結果．出典：PHENIX 実験 Physical Review C87,034911(2013).

エネルギー損失

　それでは何故原子核衝突では高横運動量のハドロンの生成が強く抑制されているのだろうか．高横運動量のハドロンは反応初期に起こるパートン間のハード散乱の結果生み出される．R_{AA} が 1 以下であるとはハード散乱という発生源の量に対して，最終的に観測されるハドロンの量が少ないということである．したがって，この抑制は散乱パートンが生じてから，それがジェットに分解し

てハドロンが生み出されるまでの間に起こっていると考えられる．

陽子＋陽子衝突と金＋金衝突では何が違っているのだろうか．その違いは，陽子＋陽子では周りに何もない状態で衝突が起こり，ハード散乱で生じた散乱パートンが，この何もない空間を通過した後にジェットに分解するのに対して，金＋金衝突では反応領域に高密度の物質が作られているという違いである．

図 7.6 を使って説明しよう．図の左側は陽子＋陽子衝突から高横運動量の π^0 が生成される様子の概念図である．この場合，ハード散乱の結果生じた高横運動量の散乱パートンがハドロン・ジェットに分解し，その中から高横運動量の π^0 が生み出される．散乱パートンは，それが生み出されてからジェットに分解するまでの間，周りに何もない空間を進むので，何の影響も受けない．一方，右に示した金＋金の中心衝突の場合は，衝突の結果反応領域には高密度物質が生み出されている．散乱パートンはこの反応領域内で作られるので，必ずこの物質中を通過しなければならない．通過する際に，散乱パートンは反応領域に生じている物質と相互作用をする．すると，散乱パートンがもっているエネルギーの一部が，物質に吸収される．つまり，散乱パートンは反応領域を通過する際にエネルギー損失とこうむると考えられる．この散乱パートンが分解して生み出される π^0 のもつ横運動量も低くなる．

このようなエネルギー損失が起こると，高い横運動量をもった π^0 の生成量は減り R_{AA} は 1 より小さくなる．これは，π^0 の生成量が p_T が上がるとともに急激に減少しているからである．

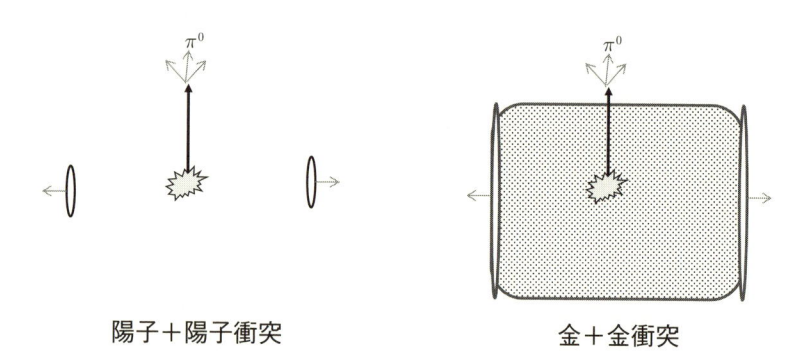

図 **7.6** 陽子＋陽子衝突（左）と金＋金中心衝突（右）での高横運動量 π^0 生成の概念図．どちらも，衝突から数 fm/c 経過した時点を表している．本文を参照．

図 7.7 は陽子＋陽子 $(p+p)$ と金＋金 (Au+Au) の中心衝突からの π^0 生成の横運動量分布を比較している．金＋金衝突での生成量は核子衝突数 N_{coll} で割ってある．もし核子間衝突数スケーリングが成り立っていれば，陽子＋陽子と金＋金のデータポイントは重なるはずである．核子衝突数スケーリングが破れ，金＋金での生成量が抑制されているため，金＋金のデータ点は陽子＋陽子のデータ点より下になっている．図中で「エネルギー損失」という矢印で示しているように，これは π^0 の運動量分布がエネルギー損失の結果，低い p_T へシフトしているためと解釈できる．矢印で示した点についていえば，もともと $p_T = 8.5$ GeV/c に生成されていたはずの π^0 が，反応領域中でエネルギー損失の結果 $p_T = 6$ GeV/c くらいになってしまうのである．8.5 GeV/c の π^0 の生成量は 6 GeV/c より小さいので，生成量が抑制されて見える．運動量の横方向へのシフトは 2.5 GeV/c 程度で，もともとの p_T の 30 ％ 程度である．しかし，6 GeV/c での R_{AA} の値としては 0.2 程度になる．運動量分布が p_T の増加とともに急激に減少しているので，30 ％ のエネルギー損失が約 1/5 という大きな抑制になる．

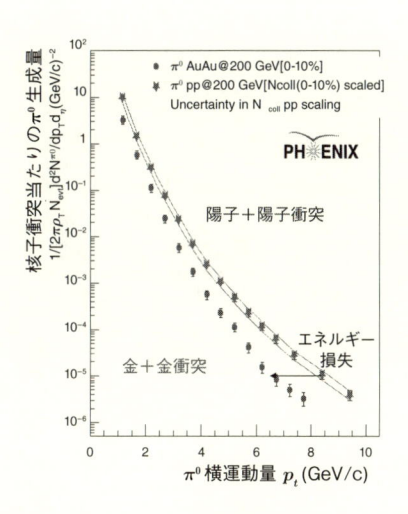

図 7.7 PHENIX 実験で測定された，π^0 の横運動量 (p_t) 分布．金＋金衝突と陽子＋陽子での π^0 生成量を比較している．どちらも重心系衝突エネルギー $\sqrt{s_{NN}} = 200$ GeV のデータ．

重陽子＋金衝突による核子間衝突数スケーリングの確認

ハード散乱の頻度が核子衝突数に比例することは，陽子＋原子核衝突実験 ($p+A$) または重陽子＋原子核衝突実験 ($d+A$) をすることによって検証することができる．$p+A$ や $d+A$ では，金＋金衝突と違い，大きな反応領域は作られない．散乱パートンは，$p+p$ の場合と同様に，散乱後外部から何の影響も受けないままジェットに分解しハドロンを生み出す．したがって，$p+A$ や $d+A$ での高横運動量ハドロン生成については，核子間衝突数スケーリングが成り立つはずである．もし $p+A$ または $d+A$ で核子間衝突数スケーリングが成り立っていれば，金＋金衝突でスケーリングが破れているのは，両者の違いである反応領域の有無が原因であると結論できる．

RHIC のエネルギーでも核子間衝突数スケーリングが成り立っているかどうかを検証するため，衝突エネルギー 200 GeV の重陽子＋金衝突実験が 2003 年に行われた．重陽子は陽子 1 個と中性子 1 個からなる非常に小さな原子核である．陽子＋金衝突ではなく，重陽子＋金衝突が行われたのは，RHIC 加速器では陽子＋金衝突を行うのが技術的に難しかったためである．

図 7.8 は，重陽子＋金衝突 (d+Au) からの π^0 生成の R_{AA} の測定結果である．黒丸と白丸のデータ点はそれぞれ PbGl と PbSc という 2 種類の測定器を用い

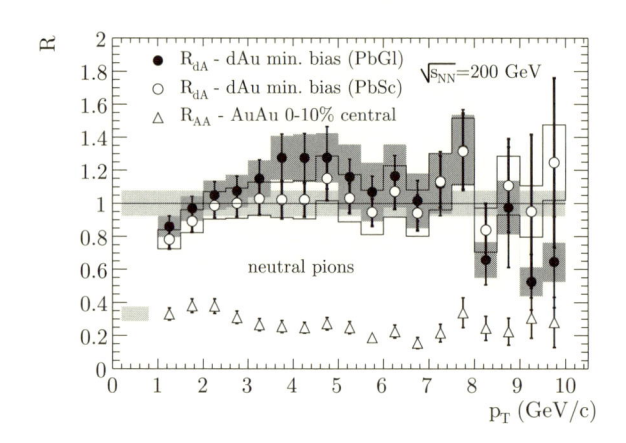

図 **7.8** 衝突エネルギー $\sqrt{s_{NN}} = 200$ GeV での重陽子＋金衝突での π^0 の R_{dA}（白丸と黒丸）．三角は金＋金の中心衝突（中心度 0 − 10 ％）での π^0 の R_{AA}．出典：PHENIX 実験 Physical Review Letters 91,072303(2003).

て独立に測定した π^0 の R_{dA} だが,両者は測定エラーの範囲で一致し,かつどちらも $R_{dA} \simeq 1$ を示している.これは重陽子＋金衝突では核子間衝突数スケーリングが成り立っていることを示している.

重陽子＋金衝突実験では核子間衝突数スケーリングが成り立っていることから,反応初期のパートン間のハード散乱の頻度は確かに N_{coll} に比例していることがわかった.これから,抑制は散乱パートンが反応領域を通過する間に起こっていると結論できる.これにより反応領域に高密度の物質ができていることが示された.

直接光子の R_{AA}

高横運動量 π^0 の抑制が,反応領域に高密度物質ができている効果であることは,直接光子の R_{AA} の測定によっても確認された.

陽子＋陽子衝突や原子核衝突からは多くの光子 (γ) が発生する.発生する光子の大部分は $\pi^0 \to \gamma\gamma$ などによって生まれるハドロン崩壊光子である.しかし,光子のなかにはハドロンの崩壊によらずに衝突反応から直接生み出される光子もある.これを直接光子とよぶ.高横運動量の直接光子は,クォークとグルーオンの「QCDコンプトン散乱」($q+g \to q+\gamma$) や「クォーク・反クォーク消滅」($q+\bar{q} \to \gamma+\gamma$) によって生み出される.

光子とクォークの相互作用の強さは微細構造定数 $\alpha \simeq 1/137$ と小さく,また光子はグルーオンとは直接相互作用しない.したがって,散乱パートンと違って,光子は反応領域内にできた物質とほとんど相互作用をしないで通過する.これから,高い p_T の直接光子の R_{AA} は 1 であると予想される.

図 7.9 は直接光子生成の金＋金衝突での R_{AA} の測定結果である.図に示した実験データは,予想通り,$R_{AA} = 1$ であることを示している.これは,(1) 反応初期のパートン散乱の時点では $R_{AA} = 1$ が成り立っていることと,(2) グラウバー・モデル計算での N_{coll} が正しかったことを示す.この実験結果も,反応領域に高密度の物質が作られ,その物質中で高エネルギーのクォークやグルーオンは大きなエネルギー損失をこうむるという解釈を支持している.

高横運動量ハドロンの抑制について,これまで説明してきた結果をまとめると以下のようになる.

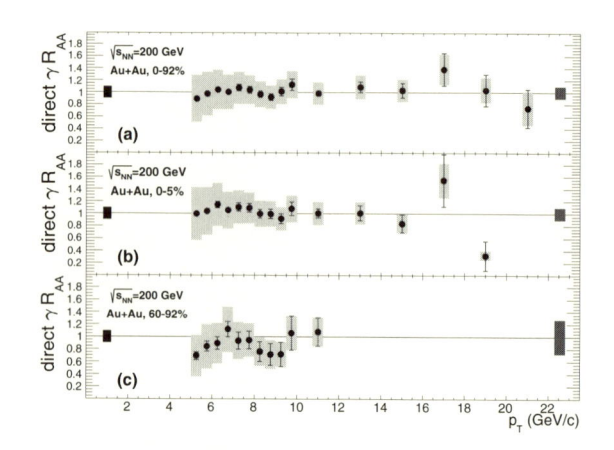

図 **7.9** 衝突エネルギー $\sqrt{s=NN}$=200 GeV の金＋金衝突での直接光子の R_{AA} 測定データ．出典：PHENIX 実験 Physical Review Letters 109, 152302 (2012).

- 反応領域に何も起きていなければ，高横運動量ハドロンの生成量は核子間衝突数 $N_{\rm coll}$ に比例する．これを核子間衝突数スケーリングとよぶ．
- RHIC の金＋金衝突からの高横運動量ハドロンの生成量は，核子間衝突数スケーリングに比べて 1/5 に抑制されている．
- 重陽子＋金衝突では衝突核子数スケーリングが成り立ち，抑制はみられない．
- 相互作用の弱い直接光子については核子間衝突数スケーリングが成り立つ．

これらの結果から，金＋金衝突で高横運動量ハドロンの生成が強く抑制されている原因は，反応領域に高密度の物質が作られ，散乱パートン（クォークまたグルーオン）がその物質を通過する間に大きなエネルギー損失をこうむっているためであると結論される．

7.4　発見2：強い楕円フロー

強い楕円フローの発見

　RHIC でのもう一つの大発見は，「強い楕円フローの発見」である．この発見は RHIC の STAR 実験によって行われた．

　図 7.10 はこの発見を報じる最初の論文に載せられた図である．原子核衝突反

応から発生する粒子は，反応平面に対して一様に分布しているわけではなく，

$$\frac{dN(\phi)}{d\phi} \propto 1 + 2v_2 \cos 2\phi$$

という方位角異方性をもっていることが発見されたのである．ここで ϕ は反応平面から測った発生粒子の放出方位角，$\frac{dN(\phi)}{d\phi}$ は方位角分布で，v_2 がその異方性の強度になる．v_2 の定義の前に係数 2 がついているのは，$v_2 = \langle \cos 2\phi \rangle$ とするためである．実際，粒子の放出方位角分布が $\frac{dN(\phi)}{d\phi} = A(1 + 2v_2 \cos 2\phi)$ であれば

$$\langle \cos 2\phi \rangle \equiv \frac{\int d\phi \frac{dN(\phi)}{d\phi} \cos 2\phi}{\int d\phi \frac{dN(\phi)}{d\phi}} = \frac{\int d\phi (1 + 2v_2 \cos 2\phi) \cos 2\phi}{\int d\phi (1 + 2v_2 \cos 2\phi)} = v_2.$$

楕円フロー強度 v_2 は，発生する粒子の粒子種ごとに，粒子の横運動量の p_T の関数として測定する．図に示したのは STAR 実験が測定した荷電粒子の v_2 の測定データで，$\pi^\pm$，$K^\pm$ などすべての荷電粒子を合わせて測定している．横軸は荷電粒子の p_T であり，縦軸が上に定義した楕円フロー強度 v_2 である．楕円フローの強度は p_T とともに，ほぼそれに比例して増加している．すべての p_T について平均すると 0.06 くらいになる．異方性の振幅は $2v_2$ なので 0.12 になる．反応平面方向である $\phi = 0$ への粒子生成量はそれに直角の方向への粒子生

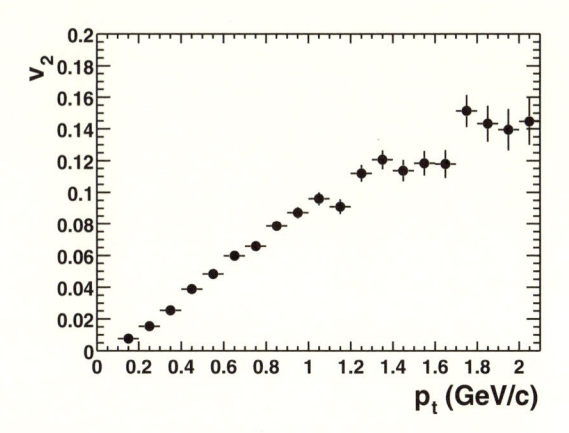

図 **7.10** 衝突エネルギー 130 GeV の金＋金衝突での楕円フローの最初の測定結果．横軸は粒子の横運動量 p_T で，縦軸はその p_T での楕円フロー強度 v_2．出典: STAR 実験 Physical Review Letters 86, 402 (2001).

成量を比べると，$(1+0.12)/(1-0.12) \approx 1.27$ となり約3割大きい．これは非常に大きな効果である．

核子＋核子衝突で発生するハドロンの方位角分布は一様で $v_2 = 0$ なので，これをいくら重ね合わせても $v_2 = 0$ になる．つまり，楕円フローは核子＋核子衝突の単純な重ね合わせでは決して生じない．大きな v_2 が発生するのは，反応領域内の相互作用と時間発展の結果である．

楕円フローの発生メカニズム

楕円フローが生じるのは，反応領域にできた高密度物質が，その内部圧力のために拡大する際に，反応平面方向に流体的な流れ（フロー）を生み出すためと考えられている．図 7.11 を使って説明しよう．

図の左に示すように，衝突パラメータが0でない原子核衝突では，衝突する2原子核が重なる反応領域は反応平面方向に短い楕円形をしている．RHICのように高エネルギーの原子核衝突では，衝突は一瞬のうちに起き，このように楕円形の反応領域ができる．この反応領域に高密度の物質が作られる．高密度物質の内部は高圧で，周りは何もない空間である．反応領域内の圧力勾配は，反応領域が短い反応平面方向に大きい．この圧力勾配に従って，内部の物質が流体として運動し，膨張する．その結果，図の右側に示すように，圧力勾配が大きな反応平面方向に強い流れが生み出される．もともとは「反応領域の形」がもっていた「空間的な異方性」が，その後の反応領域の時間発展の結果，「粒子の運動量分布の異方性」に変換されるのである．

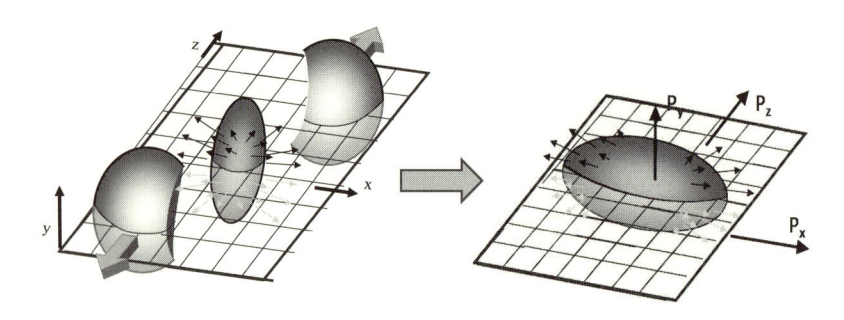

図 7.11　楕円フローの発生の概念図．

相対論的流体力学計算との比較

以上は定性的な説明だが，相対論的流体力学による理論計算によって，RHICで観測された強い楕円フローは定量的に説明されている．

相対論的な流体力学の方程式は

$$\partial_\mu T^{\mu\nu} = 0, \qquad \partial_\mu j_Q^\mu = 0. \tag{7.2}$$

ここで，$\partial_\mu T^{\mu\nu} = 0$ は流体のエネルギー・運動量のテンソルで，$\partial_\mu j_Q^\mu$ は流体のもつ保存量 Q（電荷，バリオン数，ストレンジネスなど）の 4 次元流である．最初の方程式は，エネルギーと運動量が保存していることを表し，2 番目の方程式は，保存量 Q が保存していることを表している．系が厳密な局所熱平衡にあり，流体の粘性がゼロと仮定すると，

$$T^{\mu\nu} = (\epsilon + P)u^\mu u^\nu - Pg^{\mu\nu}, \qquad j_Q^\mu = n_Q u^\mu.$$

となる．ここで，ϵ と P は，それぞれ局所静止系でのエネルギー密度と圧力，u^μ は 4 次元流速，n_Q は保存量 Q の密度，$g^{\mu\nu}$ は計量テンソルである（23 ページ参照）．この場合，n 個の保存量があるときの未知変数は 4 個の u^ν と ϵ と n 個の n_Q の合わせて $(5+n)$ 個ある．これに対して，式 (7.2) の方程式の数は $4+n$ 個ある．これに流体の状態方程式 $P = P(\epsilon, n_1, n_2, \ldots)$ を加えると，未知変数と方程式の数が同じになり，適当な初期・境界条件を与えると，この方程式を解くことができる．ただし，この流体力学方程式を解析的に解くことは非常に特殊な場合以外不可能なので，コンピュータによる数値計算で方程式の数値解を計算する．

図 7.12 は，金＋金衝突での $\pi^\pm$，$K^\pm$，p，$\bar{p}$ の楕円フローのデータと，相対論的流体力学計算の比較である．三角点，四角点，丸点で示したのがそれぞれ $\pi^\pm$，$K^\pm$，p または $\bar{p}$ の楕円フロー強度 v_2 の測定データである．楕円フローの実験データは，正電荷の粒子と負電荷の粒子の v_2 に有意な違いがないので，正・負の電荷を合わせたデータをプロットしている．

実線で描かれている 3 本のカーブは，流体力学計算による $\pi^\pm$，$K^\pm$，p，$\bar{p}$ の楕円フロー強度 $v_2(p_T)$ の計算結果である．衝突直後の反応領域内の流体の密度・温度分布などを初期条件として与え，流体のその後の時間発展を相対論的流体

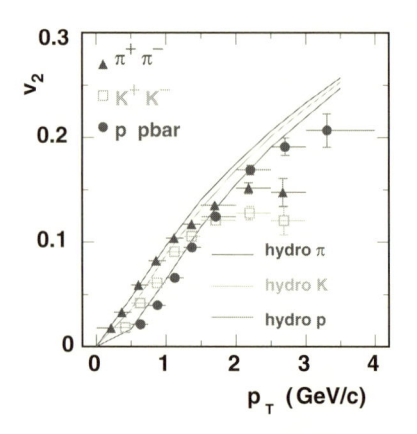

図 **7.12** 200 GeV の金＋金衝突での $\pi^\pm$, $K^\pm$, 陽子 p, 反陽子 $\bar{p}$ の楕円フローと相対論的流体力学計算の比較．出典：PHENIX 実験 Physical Review Letters 91, 182301 (2003).

力学の運動方程式を数値的に解くことで計算している．この計算では，流体の粘性はゼロと仮定され，また適当な流体の状態方程式を仮定している．計算の結果，流体に楕円フローが生み出される．流体の密度が十分に小さくなったときに，その表面で流体がハドロン化するとして，流体の運動 u^μ を $\pi^\pm$, $K^\pm$, p, $\bar{p}$ などのハドロンの運動量分布に変換する．この変換には，ハドロン化の起こる流体表面でのエネルギー・運動量・保存量が連続しているという「クーパー・フライの方法」を使っている．こうして $\pi^\pm$, $K^\pm$, p, $\bar{p}$ の v_2 が計算されている．

理論カーブは，$\pi^\pm$, $K^\pm$ については $p_T = 1.5$ GeV/c まで，p と $\bar{p}$ については 3 GeV/c まで，実験データを良く再現している．これより高い p_T では理論カーブと実験データとのずれが見える．前節で述べたように，高い p_T では，パートン間のハード散乱によって生じるハドロンが大部分になってくる．この流体力学計算には，そうしたハード散乱の効果は含まれていないので，高い p_T で流体計算が実験データを再現しないのはそのためだと考えられる．流体力学計算が有効であるべき低運動量領域では実験データを良く再現している．

この流体力学計算は，データへのフィットではない．初期条件と流体の性質（状態方程式とゼロと仮定した粘性）を決めて，相対論的流体力学方程式を解くと，楕円フローが自動的に生じて，しかもその強度が実験データを再現してい

る．流体力学計算が楕円フローを生み出すのは，初期条件であるの反応領域の空間的な離心率 $\varepsilon_2 \equiv \frac{\langle y^2 \rangle - \langle x^2 \rangle}{\langle y^2 \rangle + \langle x^2 \rangle}$ が流体力学的発展により楕円フローに変わるためである．このため，$v_2 \propto \varepsilon_2$ となる．また，粘性がゼロであるために，空間離心率 ε がフロー強度 v_2 に効率的に変換される．

流体力学計算とデータの比較から，以下のような結論が得られる．

反応領域に流体が生み出されている

v_2 のデータが相対論的流体力学で良く再現できるということは，反応領域内にある「もの」がマクロな流体として記述できる存在だということになる．

局所熱平衡が早期に実現している

流体力学計算は，計算開始時点 τ_0 で局所熱平衡が成り立っていると仮定している．この熱平衡化時間 τ_0 を大きくするとフロー強度が弱くなる．流体力学的な発展が始まる時間 τ_0 までの間，反応領域が一様に膨張すると仮定すると，その間に反応領域の離心率 ε_2 は減少する．したがって，τ_0 をあまり大きくとると，流体力学計算で v_2 の実験データを再現できなくなる．実験データを再現するためには $\tau_0 = 0.6$ fm$/c$ 程度に小さい必要があり，これは局所熱平衡が早期に実現していることを意味する．

流体の粘性が非常に小さい

図 7.12 の流体力学計算では，流体の粘性を 0 として計算している．もし粘性が大きいと，流体の流れはその粘性のために乱されてしまい，その結果 v_2 は小さくなる．粘性ゼロの流体力学計算で得られた v_2 が実験データに近いことは，反応領域に作られた物質の粘性が非常に小さいことを意味している．

粘性を含む相対論的流体力学計算との比較

前節で議論した相対論的流体力学計算では粘性を 0 として計算している．これは，粘性を含む相対論的流体力学計算は非常に難しかったためである．RHIC でのデータが蓄積されるにつれ，流体力学計算の理論も発展し，粘性を含む相対論的流体力学計算が行われるようになった．これにより，それまでは「RHIC で生み出された高密度物質の粘性は極めて小さく，ゼロに近い」という定性的議論だったものが，「高密度物質の粘性はどれだけである」という定量的議論が可能になった．

図 7.13 は，粘性を含む流体力学計算と実験データの比較である．これまで，粘性と書いてきたが，流体の振る舞いは，そのずり粘性 η とエントロピー密度 s の比，η/s によって決まる．粘性にはずり粘性のほかにバルク粘性 ζ があるが，この計算には含まれていない．ζ の効果は小さいと考えられている．図中の 3 本のカーブは，それぞれ $\eta/s = 0, 0.03, 0.08, 0.16$ の場合の計算である．図中の説明で，(ideal) とあるのが $\eta/s = 0$ の場合になる．η/s が大きくなるにつれて，v_2 の計算値は小さくなり，$\eta/s = 0.16$ では実験値の 2/3 程度になる．これから η/s は 0.1 かそれ以下程度に小さいことがわかる．

計算結果は，初期状態での反応領域の形などにも依存するので，このような粘性を含む流体力学計算と実験の比較から求められる η/s には不定性がある．その後も実験データと流体計算の比較から η/s の推定が多くの研究者によって行われていて，現時点（2013 年）では，$\eta/s = 0.1 \pm 0.05$ と考えられている．

この 0.1 程度という η/s の値は非常に小さい．例えば，「超流体」として有名な液体ヘリウムの η/s は，その臨界温度で最小値をもつが，その最小値は約 0.8 である．ほかの流体の η/s はもっと大きい．RHIC で発見された高密度流体の η/s は，これら既知の流体の数分の 1 である．

η/s の下限

量子力学的効果を考えると，$\eta/s = 0$ となることはなく，小さいが有限の下

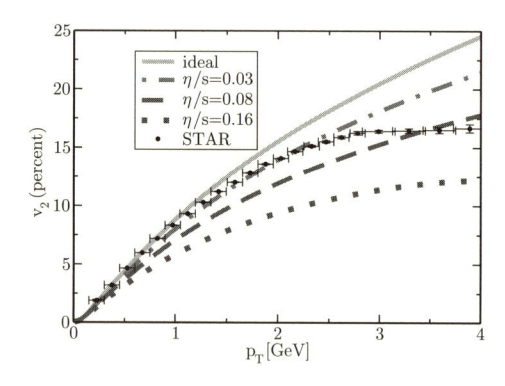

図 **7.13** 楕円フローのデータと粘性を含む相対論的流体力学計算の比較．出典：Paul Romatschke and Ulrike Romatschke, Physical Review Letters 99, 172301 (2007).

限があると考えられている．ゲージ・重力対応という理論によると，η/s の下限値は $1/4\pi \simeq 0.08$ になる．ゲージ・重力対応理論は，QCD の結合定数が大きい場合の近似理論として最近注目を集めている理論だが，この η/s の下限値が実際の QCD の場合に当てはまるかどうかはわからない．しかし，RHIC で作られた高密度物質の η/s がこの下限値 $1/4\pi$ に近いことは，非常に興味深い．

粘性のない流体のことを「完全流体」とよぶ．RHIC で生み出された高密度物質の粘性はゼロに非常に近い．このため，2005 年に，RHIC で高密度物質を生み出したという発表を行ったとき，「RHIC では「完全な液体」を作り出した」という発表が行われた．

7.5　直接光子測定による高温相の検証

RHIC の原子核衝突反応では，高密度の「完全流体」が生み出されていることがわかった．それでは，この流体は本当に高温の QGP なのだろうか．また，もし高温状態が実現しているとすればどれくらいの高温が実現しているのだろうか．ジェット抑制や楕円フローの測定からは作られた物質が確かに高温であるという直接的な証拠は得られない．高温状態であることを直接的に確認するには別のプローブが必要である．

もし高温の QGP が実現していれば，そこからは光子や電子・陽電子対の熱放射が生じているはずである（以下電子・陽電子対のことを単に「電子対」とよぶ）．光子や電子対は強い相互作用をしない．したがって，いったん作られれば，周囲の高密度物質と相互作用することなく反応領域から放出され，測定することができる．こうした電磁プローブの測定から QGP の温度をはじめとする内部状態を直接的に調べることができるのである．

高エネルギーの衝突反応からは光子が発生する．それを大きく分けて，ハドロン崩壊から生じる「ハドロン崩壊光子」とハドロン崩壊以外から生じる「直接光子」に分けて区別する．生成される光子の大部分はハドロン崩壊光子で，その多くは π^0 の 2 光子崩壊 $\pi^0 \to \gamma\gamma$ から生じる．ハドロン崩壊光子は反応終了後に作られる 2 次的な光子なので，反応初期や反応領域内の情報を直接担ってはいない．一方，直接光子のほうは反応領域内で作られるので，その測定から

反応初期や反応領域内の情報を知ることができる．直接光子を測定することが重要であり，ハドロン崩壊光子はその測定にとってのバックグラウンドになる．

直接光子には，

1. クォーク・グルーオン間のハード散乱から生じる「摂動 QCD 直接光子」
2. 高温の QGP から発生する「QGP 熱光子」
3. ハドロンガス中で，ハドロン間の相互作用から生じる「ハドロンガス熱光子」

などがある．(3) のハドロンガス熱光子とハドロン崩壊光子の違いは，前者が反応領域内でまだハドロン同士が相互作用をしている間に，例えば $\pi + \rho \to \pi + \gamma$ などの反応によって生じるのに対して，後者は反応が終了した後にハドロンの崩壊から生じることである．時間スケールとしては，前者が反応開始から 10^{-22} 秒くらいまでに起こるのに対して，後者は 10^{-16} 秒後くらいに起こる．

RHIC で実現する衝突エネルギー 200 GeV の原子核衝突では，横運動量 (p_T) が 3 GeV/c 以上の高横運動量領域では (1) の摂動 QCD 直接光子が直接光子の支配的成分となる．一方，横運動量が 1 GeV/c 以下の領域では，(3) のハドロンガス熱光子成分が支配的になると予想される．この中間の $1 < p_T < 3$ GeV/c の範囲で QGP からの熱光子が直接光子の支配的成分となると予想され，QGP からの熱光子をとらえるうえで最善の領域になる．この p_T 領域で直接光子を測定し，摂動 QCD 直接光子の量より過剰に直接光子が発生していれば，その過剰は QGP からの熱光子と考えられる．これを観測できれば，RHIC の原子核衝突反応で高温の QGP ができていることを検証できる．また熱光子の発生量と運動量分布は，発生源である QGP の温度を反映するので，熱光子の測定から QGP の温度を推定することも可能になる．

実験技術上の理由から，測定は実光子ではなく，仮想光子を測定することで行われた．仮想光子とは，質量がゼロでない光子のことである．通常の光子は実光子とよばれ，その質量はゼロである．しかし，量子力学的には，不確定性原理のおかげで，短時間であれば質量がゼロでない光子も存在することができ，これを仮想光子とよぶ．慣例で実光子は γ で表すが，仮想光子は γ^* と書いて実光子と区別する．低質量の仮想光子は $\gamma^* \to e^+ e^-$ とすぐに電子・陽電子対（以下，単に電子対とよぶ）になる．この電子対を測定することで，反応領域からの熱光子をとらえた．

7.5 直接光子測定による高温相の検証

仮想光子といっても特別なものではなく，むしろこの方が「電磁相互作用を伝える粒子」としては一般的である．ファインマン図では，光子は波線で表される．始状態や終状態に表れる外線光子は実光子で，その質量はゼロである．一方，荷電粒子の頂点間を結ぶ内線光子の質量はゼロではなく，これは仮想光子である．電子と核子の深部非弾性散乱で，電子から放射されてクォークに吸収される光子も仮想光子である．

もし熱光子が QGP から発生していれば，それに対応する熱的仮想光子が発生しているはずである．仮想光子の生成量は，その横運動量が質量に比べて十分に大きければ実光子の生成量とほとんど同じになる．図 7.14 に実光子生成と仮想光子生成の関係を示す．この図でブロブで示しているのは光子源で，摂動論的 QCD 過程，高温 QGP などの熱光子源，ハドロン崩壊などを表している．自然は連続なので，もし左図のようにこの光子源が質量ゼロ ($Q^2 = 0$) の実光子を放射するファインマン図形を書くことができるのであれば，右図のように少し質量をもった ($Q^2 > 0$) 仮想光子を放出するファインマン図形を書くこともできる．この仮想光子は不変質量の小さな電子対として測定することができる．そこで，低不変質量の電子対を測定して，その不変質量が 0 の極限として実光子生成量を求めればよい．これを仮想光子法とよぶ．

この方法の利点は π^0 の質量 135 MeV より高い領域で電子対を測定すれば，π^0 崩壊からのバックグラウンドを回避できることである．バックグラウンド光子の 8 割は π^0 崩壊からくるので，信号である直接光子の量と，雑音であるバッ

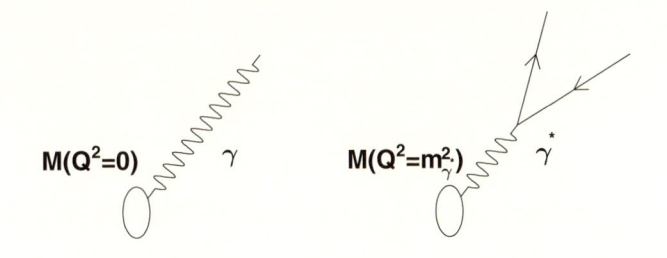

図 7.14 実光子生成（左）とそれに対応するプロセスによる電子対生成のファインマン図（右）．$M(Q^2)$ は（仮想）光子を生成するプロセスの行列要素を表す．Q は仮想（および実）光子の 4 次元運動量．

クグラウンド光子の量の信号/雑音比が約5倍向上する．また QGP からの熱光子成分が直接光子の主成分となると予想される $1 < p_T < 3 \text{ GeV}/c$ という比較的低横運動量の領域では，実験技術上の理由から，電子対の測定のほうが実光子を測定するよりも実験的測定精度が高い．

図 7.15 に陽子＋陽子と金＋金衝突からの直接光子生成の測定結果を示す．$p+p$ 衝突での結果はローレンツ不変断面積 $Ed\sigma/dp^3$ で，金＋金衝突の結果はローレンツ不変生成量 EdN/dp^3 で示している．図中，中が塗り潰されたシンボルで示してあるデータ点は，仮想光子法で測定したものである．中抜きのシンボルのデータ点は，これとは独立に実光子測定から求めた直接光子データである．実光子測定に $p_T < 4 \text{ GeV}/c$ のデータ点が無いのは，系統誤差が大きく測定できなかったためである．仮想光子法のデータと実光子測定のデータは滑らかにつながっている．

$p+p$ データの近くに書かれた実線は摂動論的 QCD 計算による理論予想値である．3 本ある理論曲線は上からそれぞれくりこみ運動量スケール $\mu =$

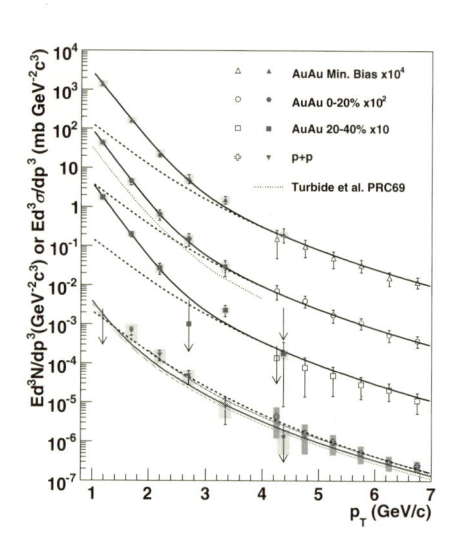

図 **7.15** 衝突エネルギー 200 GeV での $p+p$ および金＋金衝突からの直接光子の横運動量分布．図中の曲線については，本文を参照．出典：PHENIX 実験 Physical Review Letters 104, 132301 (2010).

$0.5p_T, p_T, 2p_T$ に対応している．摂動論的 QCD 計算は $p+p$ データと良く一致し，$p+p$ で発生している直接光子は反応初期のクォーク・グルーオン散乱で生み出されていることを示している．

$p+p$ データの上側に，金＋金衝突からの直接光子生成量がプロットされている．金＋金データが 3 組あるが，それぞれ異なる「中心度」を選んだデータである．上から「最小バイアス」，「中心度 0-20％」，「中心度 20-40％」である．

$p+p$ データと金＋金データを比較するために，$p+p$ データに滑らかな曲線 $A_{pp}(1+p_T^2/b)^{-n}$ をフィットする．$p+p$ データの付近にある破線で示した曲線がフィット結果である．このフィット曲線を核子＋核子衝突数でスケールし，金＋金衝突の直接光子生成量と比較している．各金＋金データの下側，$p_T < 3$ GeV/c に破線で示されているのが，スケールした $p+p$ データ曲線である．

金＋金での直接光子発生量は，$p+p$ での発生量をスケールしたものに比べて $p_T < 3$ GeV/c ではるかに大きい．この余分に発生している光子は，金＋金衝突で作られる高温状態からの熱光子と考えられる．この余剰光子生成量を求めるために，金＋金衝突データを「スケールした $p+p$ フィット曲線」と指数関数 $A\exp(-p_T/T)$ の和でフィットする．このフィットで，余剰光子生成量は指数関数成分で表される．指数関数を使うのは，熱光子の横運動量分布はほぼ指数関数になると考えられるからである．フィットパラメータの T は「有効温度」に相当する．中心度 0-20％ の金＋金データへのフィットの結果は $T = 221 \pm 19^{\text{stat.}} \pm 19^{\text{syst.}}$ MeV であり，これは QGP への転移温度である 160 MeV よりも高い．

もし，QGP が一定温度に保たれていれば，そこから放射される熱光子の分布はボーズ分布と QGP のスペクトル関数の積になる．後者がほぼ一定と思えば熱光子分布は QGP の温度を反映したボーズ分布になり，その測定から QGP の温度が求まる．しかし，RHIC の原子核衝突で作られる QGP は温度一定の系ではない．まず，衝突直後の状態は局所熱平衡に達する前の状態で，ここでは「温度」は意味をもたない．系内のクォークとグルーオンの相互作用の結果，局所熱平衡状態が実現したときの系の温度が「初期温度」である．衝突が起こってから局所熱平衡に達するまでの時間を熱平衡化時間という．局所熱平衡が実現すると，その後の系は相対論的流体力学に従って膨張し，それに伴って冷却する．この時空発展のすべての段階から熱光子が発生する．測定された直接光

子には，最初期のもっとも高温の状態からの直接光子も，その後の冷却した状態からの直接光子も含まれる．したがって，上のフィットで求められた「有効温度」はこうした時間発展中の温度の「平均値」のようなものである．反応最初期の初期温度はさらに高いと考えられる．

初期温度を推定するためには，理論計算との比較が必要である．図 7.15 の中心度 0-20% の金＋金データの下に点線で書かれたカーブがあるが，これは RHIC での熱光子生成の理論計算例である．この計算では初期温度が 370 MeV の QGP が生成しているとしている．

RHIC で作られる QGP からの熱光子発生については多くの理論計算が行われている．金＋金衝突での理論計算はすべて直接光子データを 2 倍程度の範囲で再現している．理論の不定性はこの程度あるので，観測された直接光子は QGP からの熱光子として説明することができる．

これらの理論計算では，QGP の時間空間的な発展を相対論的流体力学で計算し，QGP での熱光子放射率をその時空間発展で積分することにより熱光子生成量を計算している．QGP の単位時間単位体積あたりの熱光子放射率については，Hard Thermal Loop (HTL) 近似を用いた理論計算があり，ほとんどの理論計算ではこの HTL 計算で得られた熱光子放射率またはその簡略版を用いている．いくつもある理論計算の違いは，時空発展や初期条件の違い，ハドロンガス相からの直接光子の計算法の違いなどである．

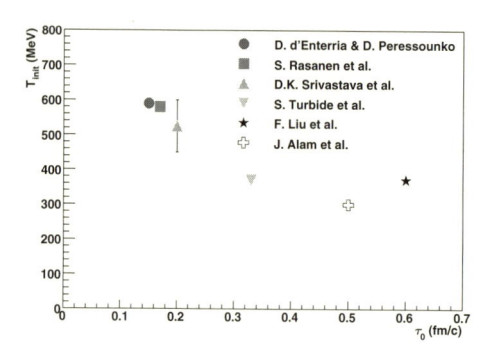

図 **7.16** 理論計算で使われた初期温度 T と熱平衡化時間 τ_0．詳しくは本文を参照．出典：PHENIX 実験 Physical Review C81, 034911 (2010).

図 7.16 に，左に示した理論計算の初期条件をまとめる．熱平衡化時間 τ_0 が短いほど，すなわち早期に局所熱平衡が実現すると仮定しているモデルほど，初期温度が高い傾向にある．τ_0 が 0.2〜0.6 fm/c に対応して，初期温度は 600〜300 MeV になる．これらの理論計算によれば，初期温度として $T = 300$ 〜 600 MeV 程度の高温物質が生み出されていると考えられる．この初期温度は格子 QCD 計算で得られた QGP 転移温度に比べてはるかに高い温度である．RHIC での直接光子測定の結果は，相転移温度を超える高温の QGP が作り出されていることを示している．

第8章 クォーク・グルーオン・プラズマ研究の展開

　QGP 研究は非常に急速に発展している分野である．前章で述べたように，RHIC の実験開始以来，多くの実験結果から，QGP の生成が確立した．同時に，理論も高度化していった．QGP 研究は，発見の段階から，その物性を研究する段階に移りつつある．

　2010 年 11 月に LHC にヨーロッパ共同原子核研究機構 (CERN) の LHC 加速器での鉛＋鉛衝突実験が開始された．LHC の衝突エネルギーは 2.76 TeV で RHIC の 10 倍以上あり，RHIC より高温・高エネルギー密度の QGP を実現できる．横エネルギー密度 dE_T/dy の測定から，LHC の鉛＋鉛衝突で作られる QGP のブジョルケン・エネルギー密度 $\varepsilon_{\rm BJ}$ は，RHIC での約 3 倍と測定されている．エネルギー密度は温度 T の 4 乗に比例するので ($\varepsilon \propto T^4$) もし，熱平衡化時間が同じであれば，LHC で作られる QGP の初期温度は RHIC より約 30％高い．

　LHC の原子核衝突実験からは，多くの成果がすでに出ている．その結果は，LHC でも高温・高エネルギー密度の QGP が作られていることを示している．LHC で作られた QGP も粘性がほぼゼロの流体であり，クォークやグルーオンはそのなかで非常に大きなエネルギー損失を受ける．RHIC での QGP 生成が LHC でも確認されたといえる．

　現在，RHIC と LHC という 2 大加速器から，毎年新しい実験結果が出ている．理論面でも多くの発展が急速に進んでいる．実験と理論が両輪となって，QGP 物性の理解が深まっている．QGP 研究の最近の成果について，そのすべてをカバーすることはできないが，いくつかの特に重要な結果について紹介したい．

8.1 LHC でのジェット抑制の測定

　LHC の鉛＋鉛実験の初期成果のなかで最大のハイライトは，ハドロン・ジェットのエネルギー損失の直接的測定である．ハドロン・ジェットというのは，ハドロンが狭い角度に集中して放出される現象で，高横運動量をもって散乱された散乱パートン（クォークやグルーオン）が多数のハドロンに分解する結果生じる．横運動量が 2 GeV/c 程度以上のハドロンは，そのほとんどがハドロン・ジェットの一部である．RHIC では，ハドロン・ジェットを直接的に測定するのではなく，ハドロン・ジェット内の横運動量ハドロンを観測することで，散乱パートンが QGP 内を通過する際に大きなエネルギー損失をこうむっていることを発見した．LHC では，ハドロン・ジェットを最構成してその全エネルギーを測定することで，散乱パートンが QGP 内でエネルギー損失をこうむっていることを直接的に確認した．

　LHC でのハドロン・ジェットのエネルギー損失は ATLAS 実験が最初に報告した．図 8.1 は，その最初の報告論文からの図である．

　図の左は，鉛＋鉛衝突で測定されたイベントの一つで，高エネルギーのハドロン・ジェットがきれいに観測されていることを示している．ATLAS 測定器

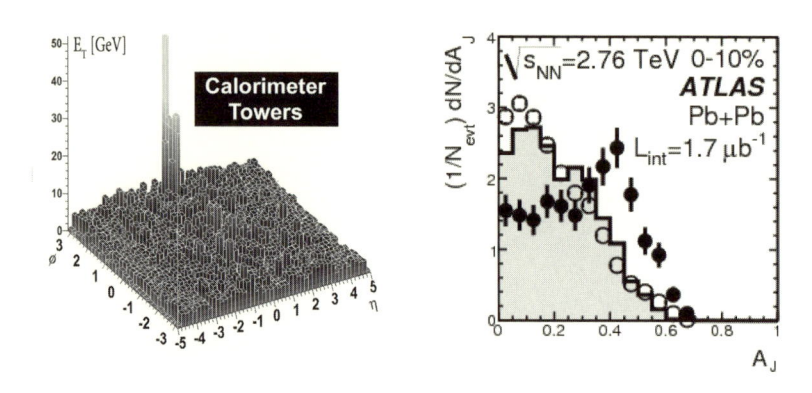

図 8.1　LHC の鉛＋鉛衝突でのジェット測定．左：「単ジェット」イベントの観測例右：ジェット非対称度 A_J の測定結果．出典：ATLAS 実験 Physical Review Letters 105,252304(2013).

は，衝突点の周りのほぼ全立体角を覆い，衝突点から生じる粒子群の方向とエネルギーを測定できる．この図は，一つの鉛＋鉛衝突イベントについて，発生した横エネルギー E_T が $\phi - \eta$ 平面上にどのように分布しているかを図示している．ここで，ϕ はビーム軸の周りの方位角であり，η は擬ラピディティー．覆っている立体角を (ϕ, η) の区画に細かく分け，それぞれの区画で観測された横エネルギー E_T がグラフの高さで示されている．

ハドロン・ジェットが発生していなければ，すべての区画にほぼ均一な横エネルギーが観測される（この図では，この均一に発生している横エネルギー流は差し引かれている）．高横エネルギーをもったハドロン・ジェットが発生していると，そのジェットの方向の狭い (ϕ, η) 領域には大きな横エネルギーが測定されるので，ハドロン・ジェットはこの3次元グラフ上に狭い山となって現れる．この図では，$\phi = 2$，$\eta = 0$ 付近に狭い山があり，そこにハドロン・ジェットが発生していることがわかる．

この図では，ハドロン・ジェットの山は一つしかない．これは驚くべきことである．ハドロン・ジェットは，高エネルギーのパートン同士の散乱で作られる．これは2体散乱で，その終状態には通常2個の散乱パートンが生じる[1]．そうでなければ，運動量が保存しない．1個のジェットがあれば，それとほぼ同じ横エネルギーをもった反跳ジェットが，方位角 ϕ で約 180° 離れた方向に生じるはずなので，こうしたイベント図には，ほぼ同じ高さの山が2個現れることが期待される．しかし，このイベントには，反跳ジェットは見えない．

反跳ジェットが見えないのは，反跳ジェットが大きなエネルギー損失をこうむっているためと考えられる．パートン散乱が起こったときは，同じ横運動量をもった反跳パートンが $\Delta\phi \approx 180°$ の方向に生じたのだが，それが QGP 内を通過する間に大きくエネルギーを失ったために，エネルギーが低くなり，見えなくなってしまったのである．

図 8.1 の右側の図には，エネルギー損失効果をより定量的に測定したデータが示されている．この図は2個以上のジェットが見つかったイベントについて作

---

[1] 散乱パートンの一つが，さらに2個のパートンに分岐することもある．この場合は，終状態には3個の散乱パートンが生じて，3ジェットイベントになる．これは $\alpha_s \approx 0.1$ 程度の確率で起こる．2個の散乱パートンが両方とも2パートンに分岐したり，分岐したパートンがさらに分岐することもあり，4ジェット，5ジェットになる場合もあるが，こうした多ジェット・イベントが生じる確率は小さい．

られている．この図は，最大の横エネルギーをもったジェットの横エネルギーを E_{T1}，次に大きな横エネルギーをもったジェットの横エネルギーを E_{T2} として，

$$A_J = \frac{E_{T1} - E_{T2}}{E_{T1} + E_{T2}}$$

と定義したジェット非対称度 A_J の分布を示している．2個のジェットの横エネルギーが釣り合っていれば $E_{T1} = E_{T2}$ なので $A_J = 0$ となり，2個のジェットの横エネルギーの大きさの違いが大きくなれば A_J は大きくなる．●で示されたデータ点は，鉛＋鉛衝突のデータで，○のデータ点は陽子＋陽子衝突のデータである．

図中のヒストグラムは，シミュレーション・プログラムで作られた鉛＋鉛衝突のシミュレーション・データで，エネルギー損失がない2本のジェットが，鉛＋鉛衝突内に含まれていたときにどういう A_J 分布になるはずであるかを予想したものである．このようなシミュレーションをするのは，鉛＋鉛衝突反応ではジェットと関係ない非常に多くの粒子が発生するからである．こうした「ジェットと関係ない粒子群」は「アンダーライング・イベント」とよばれ，ジェット測定にとっては厄介なバックグラウンドになる．測定器が測定するのは，ジェットの横エネルギーとアンダーライング・イベントの横エネルギーの和なので，ジェットの横エネルギーを測定するには，アンダーライング・イベントの寄与を推定して差し引く必要がある．このため，この差引のやり方によっては，ジェットのもつ横エネルギーの測定値にエラーが生じる可能性がある．ヒストグラムで示されたシミュレーション分布は，陽子＋陽子衝突の実データと良く一致しているので，アンダーライングイベントの差引が正しく行われていることがわかる．

陽子＋陽子の実データも，シミュレーション・データも，$A_J = 0$ にピークをもつ分布になっていて，二つのジェットのもつ横エネルギーがほぼバランスしていることを示している．これに対して，鉛＋鉛衝突の実データの A_J 分布は幅広い分布になっていて，$A_J = 0$ にピークをもたない[2]．これは鉛＋鉛衝突で

---

[2] A_J 分布は $A_J \approx 0.6$ 付近で途切れているが，これはデータ解析上のバイアスのせいである．このデータでは $E_{T1} > 100$ GeV，$E_{T2} > 50$ GeV を要求しているが，これは測定できる A_J の範囲を約 0.6 以下にするようなバイアスになる．

は，二つのジェットの横エネルギーの非対称度が大きくなっていることを示す．

ジェットの横エネルギーの非対称度が大きくなっているのは，QGP内で散乱パートンが大きなエネルギー損失を受けているためと解釈できる．パートン散乱が起こったときは，二つの散乱パートンは同じだけの横エネルギーをもっていたが，この二つの散乱パートンがQGP内を通過する際にこうむるエネルギー損失の量が違うので，その結果，最終的に観測される2ジェットの横エネルギーに差が生じたと考えれば，非対称度A_Jが大きくなることを定性的に説明できる．

エネルギー損失モデルで，観測されたA_J分布を定量的に説明する試みが，現在多くの理論家によって行われている．こうした解析により，QGP内でのエネルギー損失率dE/dxなどが近い将来に定量的に決定できる可能性がある．また，実験データの面でも，ジェットが失ったエネルギーがどこにいったかなどに対して，非常に精密なデータが出つつある．LHCでのジェット・エネルギー損失の実験的，理論的な研究は，急速に発展している．

8.2　ゆらぎと高次のフロー強度 v_n

2010年以降，フロー測定に大きな進展が見られた．それまでは，v_2の測定が主だったが，より高次な測定が行われるようになった．

原子核衝突では楕円フローが生じているために発生粒子の方位角分布が$1 + 2v_2 \cos 2\phi$になると述べたが，より仔細にみるとより高次のフロー成分があり，方位角分布は一般には$1 + 2v_n \cos n\phi_n$とフーリエ分解できる．このうち$n = 3$の成分を「三角フロー」またはv_3フローとよぶ．RHICでもLHCでも，原子核衝突では非常に大きなv_3フローが生じているのがわかった．

v_3フロー成分の発見は大変な驚きであった．反応領域の形状は，平均的には反応平面に対して上下左右対称になるので，その形状をフーリエ分解してもnが奇数の成分はないはずである．放出粒子の角度分布は反応領域の形を反映するので，そこにも奇数次成分はなく，v_3はゼロになるはずだと考えられていた．しかし，これは多くの事象について平均した場合である．個々の衝突事象についてみれば，反応領域の形状にゆらぎがあり，そのゆらぎには$\cos(3\phi)$成分が

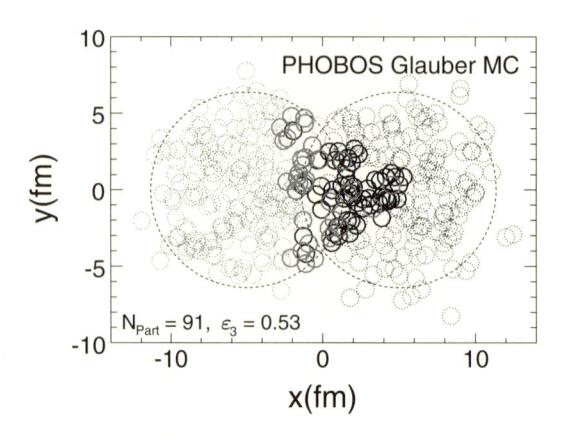

図 8.2 ゆらぎによる，三角形状率 ε_3 の出現．出典:B. Alver and G. Roland, Physical Review C81, 054905 (2010).

含まれている．これが放出粒子角分布に大きな v_3 フローを生み出すのである．

図 8.2 は，原子核衝突反応での v_3 フローの存在について提案した論文からとったもので，ゆらぎによって v_3 のもとになる「三角形状率」ε_3 が生じる様子を説明している．ここで ε_3 は

$$\varepsilon_3 \equiv \frac{\sqrt{\langle r^2 \cos(3\phi_{\mathrm{part}})\rangle^2 + \langle r^2 \sin(3\phi_{\mathrm{part}})\rangle^2}}{\langle r^2 \rangle}$$

で定義される．この図は少しわかりにくいのだが，実線で表された円は反応関与核子，点線で表された円は非関与核子を表している．反応関与核子部分の形状はほとんど 3 角形をしていて，このイベントについては大きな ε_3 をもつ．

軸はイベント平面に対して傾いている．v_3 軸の方向は，イベント平面に対して無関係であり，イベントごとに異なる．このため，イベント平面に対して v_3 を測定するとゼロになる．v_3 を測定するには，イベントごとに v_3 軸を決め，その v_3 軸に対する粒子の v_3 フロー成分を測定する．その際，v_3 強度の測定対象である粒子を v_3 平面を決めるのにも使用すると，「自己相関」が起こって測定が信頼できなくなる．こうした自己相関を防ぐために，一つのイベントをいくつかのサブイベントに分割し，v_3 平面の決定に使うサブイベントと，v_3 測定の対象となるサブイベントは別に分けて測定する．例えば，PHENIX 実験では，$3 < |\eta| < 4$ の超前方に発生する粒子の ϕ 分布から v_3 平面を決め，そうして決められた v_3 平面に対して，中心ラピディティー領域 ($\eta \approx 0$) に発生した粒子の

v_3 を測定するなどとしている．

反応領域の楕円率 ε_2 が v_2 フローを生み出すように，反応領域の形がゼロでない ε_3 をもてば，それは v_3 フローを生み出す．同様に，さらに高次の形状率 ε_4, ε_5 などがあれば，それが v_4 フロー，v_5 フローなどの高次の高調波成分のフローを生み出す．こうした高調波フロー v_n のうち，奇数次成分 ($n=3,5,\ldots$) は，反応領域の形状のゆらぎから生み出されたものである．v_3 をはじめとする奇数次フロー成分の測定は，フロー測定が精密化して，初期状態のゆらぎをとらえる段階に達したことを示している．

楕円フローと同様，v_3 フローなどの高次フローの強度も，相対論的流体力学モデルで計算することができる．η/s が小さいから，反応領域形状のゆらぎを反映する高次の v_n フロー成分が生き残ることができるのである．楕円フロー測定データと v_n 測定データを同時に流体力学計算と比較することで η/s に強い制約をかけることができる．

図 8.3 は，RHIC と LHC でのフロー強度 v_n の測定データと粘性流体力学計算との比較である．これは，現時点（2013 年）で最新の理論と実験データの比較の一つになる．実験データも理論計算も v_5 までを含んでいる．理論計算は，比粘性 η/s を調整することで，実験データを RHIC と LHC の両方で良く再現す

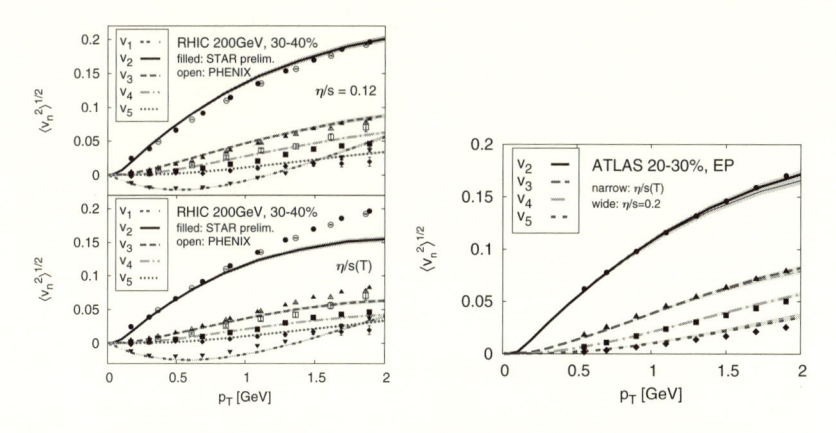

図 8.3 高次フロー強度 v_n の実験データと粘性流体計算の比較．左図は RHIC でのデータとの比較．右図は LHC での比較．出典:C. Gale 他 Physical Review Letters 110, 012302 (2013).

ることに成功している．RHIC のデータ $\eta/s \approx 0.12$ で再現されるのに対して，LHC のデータはそれより少し大きな $\eta/s \approx 0.2$ で再現される．この理論計算とデータの比較結果は，LHC で作られる QGP の η/s は RHIC で作られる QGP の η/s よりも少し大きいことを示唆している．これは「η/s は相転移温度付近で最小になり，高温では大きくなる」という理論予想と一致する非常に興味深い結果である．

8.3 重いクォークの測定

重クォーク c, b

クォークには 6 種類あるが，このうちもっとも軽いのは u, d クォークで，その質量はそれぞれ約 2 MeV と約 5 MeV しかない．次に重いのは s クォークで，約 100 MeV である．これらのクォークの質量は，QCD のエネルギースケール $\Lambda_{\rm QCD} \approx 200$ MeV より軽く，「軽いクォーク」とよばれる．高エネルギーの衝突反応で作られるハドロンの大部分は，π, K，核子などの軽いクォークからできているハドロンである．

s クォークより重いクォークである c, b, t クォークは「重いクォーク」とよばれる．これらクォークの質量は約 1.2 GeV (c)，約 4.2 GeV (b)，約 176 GeV (t) で，$\Lambda_{\rm QCD}$ よりもかなり重い．このため，高エネルギー衝突反応では，こうした「重いクォーク」は非常にまれにしか生み出されない．しかし，質量が大きいために，重いクォークの生成量や，重いクォークからできるハドロンの性質などについては，摂動論的 QCD が比較的良い近似で成り立つので，研究対象として「わかりやすい」という大きな利点をもっている．

QGP のプローブとしての重クォークの利点

u, d, s クォークの質量は QGP の温度より小さく，また周囲に軽クォークが多数存在しているので，QGP 内で熱的に作られたり，対消滅したりする．ハドロン化後も軽いハドロン同士の反応は続く．このため軽クォークからなるハドロンの測定からは，反応終了時の状態を知ることはできるが，QGP 内部を直接的に測定することは難しい．軽ハドロンの測定から QGP 内部の様子を探るに

は，流体力学計算などによって時間を遡る必要がある．これに対して，c, b という重いクォークは，QGP 内部の様子を探るうえで，より直接的なプローブになる．

まず，重クォークは，ほぼ反応初期に存在する高エネルギーパートン間のハードな衝突でしか作られない．c クォークの質量は約 1.2 GeV あり，また c クォークは $g + g \to c\bar{c}$ のように，常に反 c クォークと対で作られる．c クォーク対を作るには少なくとも 2.4 GeV 以上のエネルギーが必要になる．b クォーク対の場合は 8.6 GeV 以上が必要になる．こうした高い衝突エネルギーをもったパートン間の衝突は，反応初期には起こりうるが，熱平衡化した QGP 内ではほとんど起こらない．RHIC で作られる QGP の初期温度は 350 MeV=0.35 GeV くらいしかないので，c クォーク対や b クォーク対を作れるほど大きな熱運動エネルギーをもったクォークやグルーオンはほとんど存在しないためである．

反応初期にいったん作られた c クォークや b クォークが，QGP 内で消滅することもほとんどない．クォークの種類（フレーバー）は，QCD の相互作用では保存されるので，例えば c クォークが消滅するには，$c + \bar{c} \to gg$ のように $\bar{c}$ と対消滅しなければならない．しかし，反応初期に作られる $c, \bar{c}$ の数は少ないので，この対消滅が起こることはほとんどない．したがって，反応初期に作られた c クォークは，反応領域の時間発展の間生き残り，最後に軽クォークと結合して $D^0(c\bar{u})$, $D^+(c\bar{d})$, $\Lambda_c(udc)$ などの c クォークを含むメソンやバリオンになる．b クォークについても同様である．さらに，重クォークを含むハドロンと π などの軽ハドロンの散乱断面積は小さいので，ハドロン化後にハドロン相での影響をほとんど受けないと考えられる．

つまり，重クォークは，反応初期にのみ作られ，QGP の時間発展を通じて周囲の媒体と相互作用するが，QGP が消滅してハドロン・ガスに変わると，すぐにハドロンガスから分離する．これは QGP 初期に，重いクォークという色がついたプローブを打ち込んでいるようなものである．原子核衝突反応での重いクォークの生成を測定することで，重いクォークをプローブとして QGP 内部の様子を調べることができる．

単電子法での重クォーク測定

重クォーク生成の測定にはいくつかの方法があるが，これまで RHIC で使わ

れてきた方法は「単電子測定法」とよばれる．c クォークや b クォークを含むハドロンは，約 10 %の確率で電子に崩壊する．c クォークを含みハドロンについて，その生成比で平均すると，$c \to e$ の崩壊分岐比は約 9.5% になる．b を含むハドロンについては，$b \to e$ の崩壊分岐比は約 10.5%になる．そこで，D や B の崩壊で生じた電子（または陽電子）を測定することで，c, b という重クォークの生成を間接的に測定することができる．

電子を生み出す過程としては，重クォークの崩壊以外に，π^0 や η の Dalitz 崩壊

$$\pi^0 \to e^+e^-\gamma, \qquad \eta \to e^+e^-\gamma$$

や光子の電子対変換がある．光子の電子対変換とは，光子が測定器中の物質の原子核が作るクーロン場との電磁相互作用によって電子対に変わる反応である．

$$\gamma + Ze \to e^+e^- Ze$$

ここで，Z は原子核のもつ電荷を表す．この反応の断面積は，光子のエネルギー E_γ が電子質量 m_e に比べて十分に大きいときは ($E_\gamma \gg m_e$) ほぼ定数になる．

$$\sigma_{\mathrm{pair}} = \frac{7}{9} \frac{A}{X_0 N_A}$$

ここで，A は原子核の質量数，N_A はアボガドロ数である．X_0 は，放射長（radiation length）とよばれる物質により決まる定数で，ほぼ $1/Z^2$ に比例する．例えば，RHIC の衝突点付近のビームパイプは，当初厚さ 1 mm のベリリウムで作られていたが，ベリリウムの放射長は約 35 cm なので，これは 1 放射長の 0.28 % になる．したがって，高エネルギーの光子約 $(7/9) \times 0.28 = 0.22\%$ がビームパイプ内で電子対に変換する．

光子の電子対変換のもとになる光子は，π^0 や η などの軽いハドロンの光子への崩壊から生じるので，その大もとは Dalitz 崩壊と同じである．Dalitz 崩壊も，電子対変換も，光子が電子対に内部変換（Dalitz 崩壊）したものか，物質中で外部変換したものと考えることができるので，これらの電子を「光子的電子」（photonic electron）とよぶ．

このほかに電子を生み出す過程としては，K の電子崩壊 $K \to e\nu X$ や

$\rho, \omega, \phi, J/\psi$ などの電子対崩壊 ($\rho \to e^+e^-$ など) がある. 横運動量 p_T が 5 GeV/c 以上では $J/\psi \to e^+e^-$ の寄与が無視できなくなるが, それ以外ではこれらの過程の寄与は小さい.

重クォーク崩壊からの単電子を測定するには, まず衝突で生じる電子を測定し, 次に, そのなかに含まれている非重クォーク成分を統計的に差し引く. 差し引いた残りが重クォーク成分である.

図 8.4 の上の図に, PHENIX 実験が測定した, 重クォーク崩壊電子の R_{AA} を示す. 中心度は 0-10% を選んでいる. 横運動量 p_T が 1.5 GeV/c 以下の低い運動量では $R_{AA} \approx 1$ であり, これは重クォークが反応初期のパートン衝突で作られ, その後その総量は変化しないという予想と良く一致する. しかし, 高い p_T では R_{AA} は小さくなり, $p_T > 5$ GeV/c では白丸 (○) のデータ点で示した π^0 の R_{AA} とあまり変わらない. これは, 重クォークも高密度の QGP 内で大きなエネルギー損失をこうむっていることを示している.

図の下のパネルは, 最小バイアスイベントでの重クォーク崩壊電子の v_2 の測定結果を示す. v_2 は低運動量では p_T の増加とともに増加し, $p_T \approx 1.5$ GeV/c 付近で 0.1 程度の最大値をとり, それから p_T の増加とともに小さくなっているように見える. 四角 (■) のデータ点でで示している π^0 の v_2 と比較すると, 電子の v_2 は半分程度であるが, それでもかなり大きな値である.

これは, まったく予想外の結果だった. 測定前の理論予想では, 重いクォー

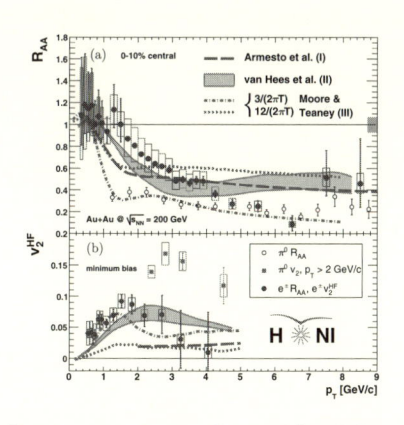

図 8.4 RHIC での重いクォークの R_{AA} と v_2 測定. 出典: PHENIX 実験 Physical Review Letters 98, 172301 (2007).

クの QGP 媒体内でのエネルギー損失は小さいと考えられていた．したがって，R_{AA} は p_T にかかわらずほぼ 1 であり，またフロー強度 v_2 もほぼゼロと思われていたのである．

　高エネルギー・パートンの QGP 内でのエネルギー損失の機構はまだよくわかっていない．しかし，もっとも有力な理論によれば，エネルギー損失は主に輻射損失によって起こる．パートンが QGP 媒体内を通過する際に，媒体中のパートンと運動量移行の小さな散乱を起こす．このような散乱だけでは，大きなエネルギー損失は生じない．しかし，散乱後のパートンが，比較的大きなエネルギーをもったグルーオンを放射すれば，もとのパートンのエネルギーはそれだけ減る．こうしたグルーオン放射によるエネルギー損失を輻射損失とよぶ．重クォークの場合は，輻射損失が少ないはずだと考えられるので，重クォークが QGP 内でこうむるエネルギー損失は小さいと予想されていたのである．エネルギー損失が小さければ，周囲の QGP 媒体の流れ（フロー）に従って運動することもないはずなので，フロー強度 v_2 も小さいはずだと予想されていた．図 8.4 の結果はこうした理論予想とまったく反するので，PHENIX 実験がこの結果を出したとき，非常に大きな驚きをもって迎えられた．

　最近になって，RHIC のもう一つの実験である STAR 実験も同様な重クォーク崩壊電子の R_{AA} の測定結果と v_2 の測定結果を出し，上の結果を確認した．また，LHC の ALICE 実験が，LHC の鉛＋鉛衝突においても，重クォーク崩壊電子や D 中間子の R_{AA} が高横運動量で小さく，また D 中間子が大きな v_2 をもつという測定結果を得た．LHC で作られる QGP でも，重クォークが QGP 媒体内で大きなエネルギー損失をこうむり，フローすることが示された．

8.4　J/ψ と Υ の抑制

チャーム・クォークの束縛状態 J/ψ 粒子

　J/ψ 粒子は，チャーム・クォークと反チャームクォークからできたメソンである[3]．一般に，粒子と反粒子の束縛状態のことを「オニウム」とよぶ．例え

---

[3] J/ψ は素粒子物理学の歴史上，非常に重要で，この粒子の発見によりチャーム・クォークが発見され，またハドロンがクォークの束縛状態であることが確立した．

ば，電子と陽電子はポジトロニウムという束縛状態を作る．これにならって，チャーム・クォークと反チャーム・クォークの束縛状態はチャーモニウムとよばれる．J/ψ は代表的なチャーモニウムだが，$\psi(2S)$, η_c, χ_c など，ほかにもいくつものチャーモニウムが存在する．

J/ψ の質量は 3.096 GeV と陽子の 3 倍以上ある（表 2.1）．このように質量が大きいのは，チャーム・クォークの質量が大きいためで，その質量の 8 割はチャーム・クォークと反チャーム・クォークの質量で，残りの 2 割が QCD の相互作用によって生み出されている．これは，π, K, 核子などの軽いクォーク (u, d, s) からなるハドロンとの大きな違いになる．こうした軽いクォークからなるハドロンの質量の大部分は，QCD の相互作用で生み出される．例えば，核子の質量（約 0.94 GeV）のうち，u, d クォークの質量からくる部分は 1 ％ 程度にすぎない．

J/ψ をはじめとするチャーモニウムは，チャームと反チャームからなる「原子」のような束縛状態として理解しやすい．水素原子のエネルギー準位は，「電子と陽子の間に $V(r) = -\alpha/r$ というクーロン・ポテンシャルがはたらく」として，シュレディンガー方程式を解くことで計算することができる．これと同様に，「チャーム・クォークと反チャーム・クォーク間に $V(r) = -\alpha_s/r + \sigma_0 r$ というポテンシャルがはたらく」というポテンシャル・モデルで，J/ψ 粒子をはじめとするチャーモニウムを良く説明することができる．ここで使われるポテンシャル $V(r)$ の形は，近距離ではクーロン・ポテンシャルになり，遠距離では距離に比例して「閉じ込め」の効果を表している．格子 QCD 計算から，この形のポテンシャルが計算されることは説明した（68 ページ）．

ポテンシャルモデルでは，各チャーモニウムのスピンと質量は，チャームと反チャームからなる「原子」の角運動量状態とエネルギー準位として計算される．J/ψ はチャームと反チャームのもつスピン (1/2) が同じ向きに並んでスピン 1 に組まれ，空間波動関数は軌道角運動量がゼロの基底状態 (1S) になる．$\psi(2S)$（表 2.1 参照）は空間波動関数が $2S$ の励起状態となる．これ以外のチャーモニウムも同様に「チャーム・反チャーム原子」の準位として理解できる．

松井・ザッツによる「J/ψ 抑制」の予想

1986 年に，松井哲夫とヘルムート・ザッツは，J/ψ は QGP 生成の良いプロー

ブになるという提案を行った．J/ψ は $c\bar{c}$ 束縛状態なので，QGP 内で閉じ込めが破れると，c と $\bar{c}$ はもう束縛状態を作らなくなるはずだと考えたのである．この予想によれば，原子核衝突反応での J/ψ の生成量は，陽子＋陽子衝突での J/ψ の生成量に比べて少なくなるので，「J/ψ 抑制」とよばれる[4]．

陽子＋陽子衝突反応や原子核衝突反応で J/ψ ができるためには，まず衝突によって c と $\bar{c}$ が作られる．強い相互作用では，チャームクォーク数は保存されるので，c と $\bar{c}$ は必ず c と $\bar{c}$ の対で作られる．次にこうして作られた $c\bar{c}$ 対の一部が束縛して J/ψ になる．陽子＋陽子衝突反応の場合，最初に作られた $c\bar{c}$ の約 1% が J/ψ になる．

この最初の $c\bar{c}$ 対生成は，核子内のクォークと反クォークの衝突やグルーオン同士の衝突によって起こり，その生成断面積は摂動論的 QCD で計算することができる．

$$q + \bar{q} \to c\bar{c} + X, \qquad g + g \to c\bar{c} + X.$$

次の $c\bar{c}$ 対から J/ψ が形成される過程

$$c\bar{c} \to J/\psi(+X')$$

は，非摂動的な過程で，あまり良く理解されていない．しかし，QGP 生成が起こっていなければ，この過程が起こる確率は，陽子＋陽子衝突でも原子核衝突でも同じであると推定される．したがって，QGP ができていなければ，原子核衝突での J/ψ 生成量は $c\bar{c}$ の生成量に比例し，それは核子間衝突数 N_{coll} に比例するはずである．一方，QGP が作られ，かつ QGP 内では $c\bar{c}$ 束縛状態ができないとすると，第 2 段階での J/ψ 形成確率が小さくなる．この場合，原子核衝突での N_{coll} あたりの J/ψ 生成量は，陽子＋陽子衝突での生成量よりも少なくなる．つまり，J/ψ 生成量の R_{AA} は 1 より小さくなるのである．

RHIC での J/ψ 抑制の測定

松井・ザッツの「J/ψ 抑制」予想があったので，J/ψ の測定は RHIC の実験

---

[4] J/ψ に限らず，すべてのチャーモニウムが抑制されるので，より一般には「チャーモニウム抑制」だが，「J/ψ 抑制」という呼び方のほうがより頻繁に使われる．

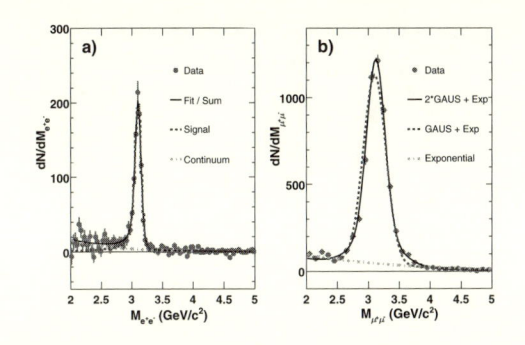

8.4 J/ψ と Υ の抑制

図 8.5 PHENIX 実験が $\sqrt{s} = 200$ GeV の陽子＋陽子衝突で測定した J/ψ のシグナル．図の横軸は，電子対（左図）とミューオン対（右図）の不変質量．質量 3.1 GeV に立っているピークが J/ψ．出典：PHENIX 実験 Physical Review Letters 98, 232002 (2007).

プログラムで最重要目的の一つであった．PHENIX 実験は，特に J/ψ の測定をその実験目的に掲げて，その測定装置を設計・建設している．

J/ψ が作られると，それはほとんど瞬時にして電子対 (e^+e^-) やミューオン対 ($\mu^+\mu^-$) に崩壊する．

$$J/\psi \to e^+e^-, \mu^+\mu^-.$$

これ以外には，非常に多くの崩壊モードがあるが，この二つのモードへの崩壊比は比較的大きいうえに，終状態が 2 体で測定しやすいので，J/ψ の測定は上記の 2 崩壊モードで行われる．

図 8.5 は，PHENIX 実験が測定した J/ψ のシグナルである．電子と陽電子，またはミューオンと反ミューオンを測定し，それから電子対やミューオン対を組んでその不変質量 (m_{ee}, $m_{\mu\mu}$) を計算する．J/ψ は，m_{ee} または $m_{\mu\mu}$ の分布に鋭いピークとなって現れるので，そのピークにある対の数を数えることで J/ψ の生成量を測定できる．左側のパネルは，中央検出器で電子対で測定したデータで，右側のパネルは前後方のミューオン測定器で測定したミューオン対のデータ．図の横軸は，電子対（左）またはミューオン対（右）の不変質量で，3.1 GeV にある鋭いピークが J/ψ のシグナルである．

図 8.6 は PHENIX 実験による J/ψ 抑制度の測定結果である．これは重心系エネルギー $\sqrt{s_{NN}}$ =200 GeV での金＋金衝突での R_{AA} で，R_{AA} を計算する際

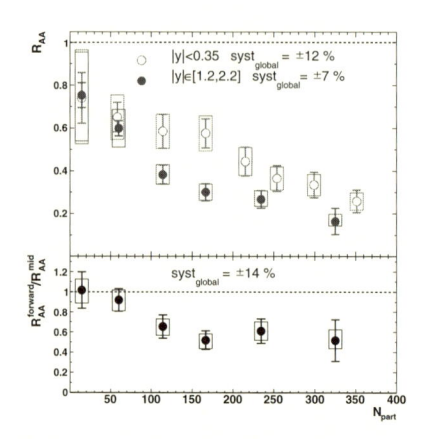

図 8.6 PHENIX 実験による RHIC での J/ψ 抑制度 R_{AA} の測定結果．重心系エネルギー $\sqrt{s_{NN}}$ =200 GeV での金＋金衝突のデータ．図の横軸は，関与核子数 N_{part}．○は，電子対で測定した中心ラピディティー（$|y| < 0.35$）での測定データで，●はミューオン対で測定した前後方ラピディティー ($1.2 < |y| < 2.2$) での測定結果．図の下のパネルは前後方ラピディティーでの測定値を中央ラピディティーでの測定値で割った比である．出典:PHENIX 実験 Physical Reivew Letters 98, 232301 (2007).

の分母である陽子＋陽子衝突での J/ψ 生成量も PHENIX 実験自身で測定している．図の横軸は，関与核子数 N_{part}．○で示したデータは，電子対で測定した中心ラピディティー（$|y| < 0.35$）での測定値で，●で示したデータはミューオン対で測定した前後方ラピディティー ($1.2 < |y| < 2.2$) での測定値．中心ラピディティーでも，前後方でも，ともに強い抑制が見られる．また R_{AA} は，N_{part} が大きいほど小さい．つまり，中心衝突ほど強い抑制が起こっている．これは，QGP 形成の結果，J/ψ 生成が抑制されるはずだという松井・ザッツの予想と一致している．

図の下のパネルは前後方ラピディティーでの測定値を中央ラピディティーでの測定値で割った比である．中心衝突では，前後方での抑制度が中心ラピディティーより強い．これは予想外の結果で，何故こうなっているのかはまだ十分に理解できていない．反応領域の初期空間エネルギー密度 ε は，終状態で観測される横エネルギー密度 dE_T/dy から $\varepsilon = \frac{1}{c\tau_0 A}\frac{dE_T}{dy}$ と推定できる（119 ページ式 (6.2)）．終状態の横エネルギー密度 dE_T/dy は，中心ラピディティー領域 ($y \approx 0$) のほうが，前方や後方ラピディティー領域よりも高い．エネルギー密度

が高いほうが QGP が形成されやすく，また作られた QGP はより高温でより長時間持続すると考えられる．これから，QGP の効果によって J/ψ が抑制されるのであれば，中心ラピディティーでの抑制がより強くなるはずだと予想される．しかし，実験結果は，前方ラピディティーの抑制がより強かったのである．

この結果の有力な解釈は，衝突初期に作られた J/ψ は QGP 内でいったん分解されるが，QGP が消滅してハドロン化する際に，チャーム・クォークと反チャームクォークの一部が再結合して J/ψ が再び作られるという「再結合モデル」である．

チャームクォークの生成量は比較的少ない．しかし，金＋金の中心衝突では複数のチャーム対が生み出される．後で述べるように，チャーム生成断面積は約 600 μb ある．金＋金の最中心衝突での原子核重なり関数 T_{AA} は約 25 mb^{-1}（表 6.2）なので，金＋金衝突 1 イベントあたりに生み出されるチャーム対の数は平均で 600 μb×25 mb^{-1} = 15 対になる．つまり，1 イベントで 15 個のチャーム・クォークと，それと同数の反チャーム・クォークができる．これらのチャームクォークや反チャームクォークの大部分は軽いクォークや反クォークと結合して，（反）チャームクォークを含むハドロンになる．例えば，c クォークが反 u クォークと結合して $D^0(c\bar{d})$ になるなどである．しかし，多数のチャーム・クォークと反チャーム・クォークが 1 イベント中に存在していれば，チャームと反チャームが束縛して J/ψ などのチャーモニウムが形成される可能性が出てくる．この再結合が起こる確率は，チャーム生成量密度が高いほど大きくなる．反応初期に作られるチャーム対のラピディティー分布 $dN_{c\bar{c}}/dy$ は $y=0$ が高い釣鐘型の分布になるので，このチャーム・反チャーム再結合が起こる確率は $y=0$ 付近のほうが，$y=2$ 付近よりも大きくなる．したがって，再結合によって作られる J/ψ の量は $y=0$ 付近で多くなると予想される．これは，$y=0$ の J/ψ 抑制が $y\approx 2$ よりも弱いという実験データを定性的に説明することができる．

最近，LHC 実験での Pb+Pb 実験でも J/ψ が測定されている．その結果は，LHC での J/ψ 抑制は，RHIC よりも弱いというものである．LHC では RHIC より一桁多い $c\bar{c}$ 対が生み出されるので，再結合による J/ψ 生成は非常に大きくなる．このため，再結合モデルによれば，LHC での J/ψ 生成の抑制は，RHIC よりも弱くなると予想されていた．LHC での J/ψ 測定結果は，この再結合モ

デルの予想と一致している．

LHC での Υ 抑制の測定

チャームクォークと反チャームクォークがチャーモニウムという束縛状態を作るように，ボトム・クォークと反ボトムクォークも「ボトムニウム」とよばれる束縛状態を作る．ボトムクォークはチャームの次に重い5番目のクォークで，その質量は約 4.2 GeV（表 2.2）．

代表的なボトムニウムとしては，ウプシロン (Υ) 粒子がある．ウプシロンは，ボトムクォークと反ボトムクォークのスピンが1に組まれたメソンで，多くの状態をもつ．もっとも質量の軽い粒子は Υ(1S)，次に軽い粒子は Υ(2S)，その次が Υ(3S) と名前がついている（表 2.1 参照）[5]．各ウプシロン粒子についている 1S, 2S, 3S は，量子力学でならった水素原子の準位に対応するもので，これらが軌道角運動量がゼロ（S）の基底状態（1S），第一励起状態（2S），第二励起状態（3S）であることを示す．

QGP 内でチャーモニウムが抑制されるように，ボトムニウムも抑制されると予想される．QGP 内では，クォーク・反クォーク間のポテンシャルが遮断され，束縛状態を作ることができなくなるからである．

RHIC や LHC での J/ψ 抑制の場合は，原子核衝突の1イベントあたりに多数のチャーム・反チャームが作られるために，その「再結合」が J/ψ を再び作り出す可能性があるので，それが実験結果の解釈を複雑にしている．ボトムクォークは非常に重いので，LHC のエネルギーであっても，鉛＋鉛衝突1イベントあたりに作られるボトム・反ボトム対の数は1対程度にすぎない．このため，ウプシロン抑制に対しては，再結合効果は非常に小さいと考えらえる．

LHC の CMS 実験は，鉛＋鉛衝突でのウプシロン生成を測定し，非常に興味深い結果を得た．図 8.7 はその測定結果である．左のパネルは陽子＋陽子衝突での測定，右のパネルは鉛＋鉛衝突での測定で，どちらも重心系エネルギーが核子対あたり $\sqrt{s_{NN}} = 2.76$ TeV である．CMS ではウプシロンのミューオン対崩壊モード（$\Upsilon \to \mu^+ \mu^-$）を使って測定している．図の横軸はミューオン対の不変質量．陽子＋陽子衝突のデータは，不変質量が約 9.5 GeV，約 10.0 GeV，約

---

[5] これ以外の Υ 励起状態も存在する．Υ(4S) は，B 中間子の性質を精密測定するうえで非常に重要．

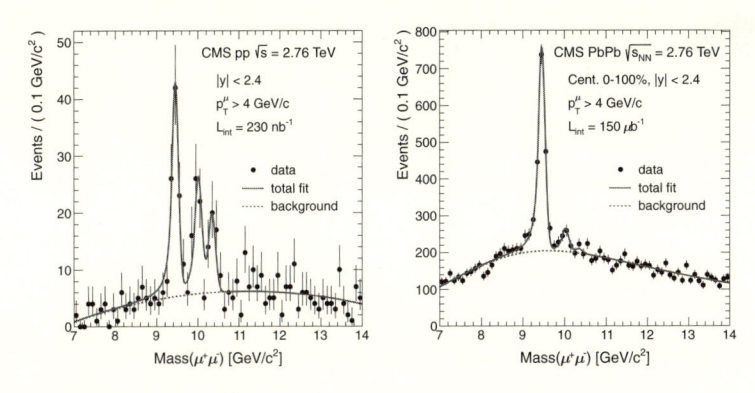

図 8.7 LHC での Υ の測定結果．出典：CMS 実験 Physical Review Letters 109, 222301(2012).

10.4 GeV のところに 3 本の鋭いピークが経っている．それぞれ $\Upsilon(1S)$, $\Upsilon(2S)$, $\Upsilon(3S)$ である．鉛+鉛のデータでは，$\Upsilon(1S)$ の大きなピークは見えるが，$\Upsilon(2S)$ のピークの高さは非常に低くなっていて，$\Upsilon(3S)$ のピークはほとんど見えない．

CMS の実験結果は，$\Upsilon(2S)$, $\Upsilon(3S)$ が $\Upsilon(1S)$ よりも強く抑制されていることを示している．図 8.7 からは，3 つの Υ の相対的は抑制しかわからないが，CMS 実験による R_{AA} の測定結果によれば，鉛+鉛衝突 (0-100%) では

$$R_{AA}(\Upsilon(1S)) = 0.56 \pm 0.08(\text{stat}) \pm 0.07(\text{syst}),$$
$$R_{AA}(\Upsilon(1S)) = 0.12 \pm 0.04(\text{stat}) \pm 0.02(\text{syst}),$$
$$R_{AA}(\Upsilon(1S)) = 0.03 \pm 0.04(\text{stat}) \pm 0.01(\text{syst}) < 0.10(95\%\text{CL})$$

となり，$\Upsilon(1S)$ も抑制されていて，$\Upsilon(2S)$, $\Upsilon(3S)$ 状態と質量の重い状態ほど抑制度が強くなっている．

この結果の解釈は確立しているわけではない．有力な解釈は，Υ の抑制度がその質量によって異なるのは，$b-\bar{b}$ の束縛エネルギーの違いを反映しているというものである．$\Upsilon(1S)$ は基底状態で，束縛エネルギーは一番深く，約 1.1 GeV になる．$\Upsilon(2S)$, $\Upsilon(3S)$ の束縛エネルギーは，それぞれ約 0.5 GeV，約 0.2 GeV である．束縛エネルギーが深いほど壊れにくく，浅いと壊れやすくなるので，束縛エネルギーが深いほど抑制が弱くなると予想される．LHC での実験データはこの予想と一致する．

8.5 展望–QGP 物性の定量的理解を目指して

　QGP は,素粒子場の相転移を実験的に実現し研究できる唯一の場である.RHIC で QGP が発見されたからといってその研究が完了したわけではない.QGP 物理は「発見」段階から「定量的・総合的理解」というより高次な段階へ発展しつつある.このためには,QGP の性質をその条件,例えば温度によってどう変化していくかを系統的に研究する必要がある.

　この章で紹介したように,現在,QGP 物性の研究が RHIC と LHC で精力的に行われている.これにより,RHIC では $T \approx 400$ MeV までの温度領域,LHC では $T = 500\text{-}600$ MeV の QGP 物性が明らかになりつつある.RHIC ではビームエネルギーを下げて,相転移付近の振る舞いの研究や,図に (?) で示された臨界点の探索なども行われてる.2 大加速器での系統的な研究により,QGP の物性が広い温度範囲にわたって研究されている.

　実験データを解釈する理論面の進歩も目覚ましいものがある.2000 年に RHIC での実験が始まったときは,QGP の性質がどのようなものであるかすらあまり明らかではなかった.2005 年ころ,RHIC での QGP 生成がほぼ確立し,QGP が粘性がほとんどゼロの「完全液体」であることがわかった段階でも,その重要な物性パラメータである η/s は「ゼロに近い」という定性的な議論の段階で,その値を定量的に決定するものではなかった.現在 η/s は 50% 程度の不定性で求められており,RHIC と LHC での η/s の値の違いが議論され始めている.

　RHIC の稼働から 10 年余りで,QGP の物理は「理論的予想」から「発見」を経て「物性研究」の段階に入った.今後の 10 年で,QGP 物性の定量的な理解が進むであろう.

付録 参考図書等の案内

引用・転載した図などの出典は，図などのキャプションに示してあるので，ここでは興味をもった読者の参考になる文献などリストする．なお，Physical Review Letters と Physical Review の図は American Physical Society よりご提供頂いた．

英文

[1] Particle Data Group,Phys.Rev.D86,010001 (2012) (//pdg.lbl.gov).

[2] M. E. Peskin, D. V. Schroeder: *An Introduction To Quantum Field Theory* (Addison Wesley, 1995).

[3] R. K. Ellis, W. J. Stirling and B. R. Webber: *QCD and Collider Physics* (Cambridge University Press, 1996).

[4] G. Dissertori, I. G. Knowles, and M. Schmelling: *Quantum Chromodynamics: High Energy Experiment and Theory* (Oxford University Press, 2003).

[5] K. Yagi, T. Hatsuda, and Y. Miake: *Quark Gluon Plasma* (Cambridge University Press, 2005).

[6] K. Adcox et al.(PHENIX): Nuclear Physics A757, 184 (2005).

[7] Proceedings of the XXIII International Conference of Ultrarelativistic Nucleus-Nuclesu Collisions (Quark Matter 2012), Nuclear Physics A904-905, 2013 (//qm2012.bnl.gov).

[8] //arxiv.org.

[9] //inspirehep.net.

[1] は Particle Data Group（PDG）によって2年ごとに刊行されている素粒子

物理のレビュー（Review of Particle Physics）の最新巻で素粒子物理の最新情報が網羅されている．素粒子やハドロンの性質の詳細なデータばかりでなく，素粒子標準モデルや宇宙論から加速器や粒子測定器に至までの多くのレビュー論文を含む．その最新の内容は，PDG のウエッブ・サイト（//pdg.lbl.gov）で得ることができる．[2] は定評のある場の理論の大部の教科書．[3] と [4] は QCD の教科書．[5] は RHIC 開始後に書かれた QGP についての本格的教科書．RHIC の初期の成果を含んでいる．[6] は PHENIX 実験の最初の 3 年間の成果をまとめた報告論文で，高密度パートン物質（QGP）が生成していると結論している．[7] は 2012 年に米国ワシントン DC で開催された QuarkMatter2012 のプロシーディングと会議のウエッブ・サイト．RHIC/LHC でのクォーク・グルーオン・プラズマ研究の最新の成果は 1 年半ごとに開催される Quark Matter 国際会議で発表される．次回は 2014 年にドイツのダルムシュタット，次々回は 2015 年に日本の神戸で開催される．[8] は，論文プレプリントのアーカイブで，最近のほとんどすべての論文を学術誌に投稿された時点でここから閲覧できる．[9] は素粒子物理関係の論文データベース．

日本語

[10] 長嶋順清：「素粒子標準理論と実験的基礎」（朝倉書房，1999）．

[11] 坂井典佑：「場の量子論」（裳華房，2002）．

[12] 国広悌二：「クォーク・ハドロン物理学入門」(サイエンス社，2013）．

[13] 青木慎也:「格子上の場の理論」（丸善，2012）．

[14] 宇川彰・青木慎也・初田哲男・柴田大・梅村正之・西村淳：「計算と宇宙」（岩波書店，2012）．

[15] 神吉健：「クォーク・グルーオン・プラズマ」，（丸善，1992）．

[10] は日本語で書かれた素粒子標準モデルの教科書．[11] は場の理論のコンパクトな教科書．[12] はカイラル対称性とその自発的破れを詳しく解説している．[13] は格子 QCD の本格的な教科書．[14] は計算科学の素粒子・原子核・宇宙物理への応用の解説書だが，格子 QCD のハドロン物理，QCD 相転移への応用の解説を含む．[15] はクォーク・グルーオン・プラズマについて日本語書かれたおそらく唯一の本だが，RHIC 以前に書かれたものである．

索 引

■英数字▶

- α_s ································ 49
- —スケール依存性 ·················· 58
- BNL ································ 2
- CERN ······························ 2
- η/s ·························· 152, 167
- J/ψ ··························· 29, 172
- J/ψ 抑制 ···················· 173, 174
- Λ_{QCD} ································ 58
- LHC ·························· 2, 95
- Mandelstam 変数 ·················· 30
- MIT バッグ・モデル ·············· 81
- PHENIX 実験 ···················· 97
- QCD ························· 16, 37
- QCD 結合定数 ···················· 46
- QCD スケール ···················· 58
- QCD 相転移 ················· 81, 85
- QCD 相図 ························ 81
- QCD ラグランジアン ············ 45
- QED ····························· 15
- QED ラグランジアン ············ 40
- QGP ······························· 1
- QGP 相 ······················· 1, 65
- R_{AA} ····························· 140
- RHIC ························ 2, 94
- T_{AA} ······················· 124, 125
- v_2 ······························ 147
- v_3 ······························ 165

■あ▶

- ウプシロン ······················ 178
- 運動量スケール ·················· 57
- 重いクォーク ···················· 168

■か▶

- カイラル対称性 ·················· 69
- カイラル対称性の自発的破れ ·· 75, 88
- 化学凍結温度 ················ 134, 137
- 化学熱平衡モデル ··············· 133
- 化学ポテンシャル ·········· 132, 134
- 核子間衝突数 ···················· 121
- 仮想光子 ························ 154
- カラー（色）······················ 44
- 関与核子数 ······················ 121
- 局所熱平衡 ················ 137, 149
- 擬ラピディティー ················ 32
- クォーク ····················· 8, 13
- クォーク凝縮 ···················· 75
- クォーク・グルーオン・プラズマ ·· 1, 65
- クォークのカラー ················ 45
- クォークのフレーバー ············ 13
- グラウバー・モデル ············· 123
- くりこみ理論 ···················· 55
- グルーオン ························ 8
- グルーオンのカラー ·············· 46
- クロスオーバー ·················· 87
- 経路積分 ························ 40
- ゲージ・重力対応 ··············· 153
- ゲージ変換 ······················ 42
- ゲージ理論 ······················ 43
- 格子 QCD 理論 ·················· 61
- 高横運動量 ················ 107, 110
- 高横運動量粒子生成の抑制 ······ 137

■さ▶

- 最小バイアス ···················· 121

三角フロー ……………………… 165
散乱断面積 ……………………… 33
ジェット抑制 …………………… 162
自然単位系 ……………………… 17
重心系エネルギー ……………… 28
周辺衝突 ………………………… 120
衝突パラメータ ………………… 123
深部非弾性散乱 ………………… 101
ステファン・ボルツマンの法則 … 86
ストレンジネス ………………… 135
スピン …………………………… 7
摂動論 …………………………… 49
摂動論的 QCD ………………… 53, 101
漸近自由性 ……………………… 57
相図 ……………………………… 80
相対論的運動学 ………………… 24
相対論的流体力学 ………… 149, 151
相転移 ………………………… 3, 80
相転移温度（格子 QCD） ……… 87
相転移温度（バッグ・モデル） … 84
素粒子の標準モデル …………… 12

▌た▶

対称性の自発的破れ …………… 72
楕円フロー ……………………… 146
チャーモニウム ………………… 173
中心衝突 ………………………… 120
中心度 …………………… 119, 121
直接光子 ………………… 145, 153
強い相互作用 …………………… 15
特殊相対性理論 ………………… 19
閉じ込め ………………………… 66
閉じ込めポテンシャル ………… 68

▌な▶

熱的凍結温度 …………………… 132
熱平衡化時間 …………… 131, 157
熱平衡化 ………………………… 116

▌は▶

パートン ………………………… 101
パートン分布関数 ……………… 105
─のスケール依存性 ………… 106

パートンモデル ………………… 101
爆風（blast wave）モデル ……… 132
破砕関数 ………………………… 108
破砕関数のスケール依存性 …… 109
ハドロン ………………………… 7
ハドロン共鳴 ……………… 10, 135
ハドロン・ジェット …… 107, 142, 162
ハドロン相 ………………… 1, 65, 137
バリオン ………………………… 7
バリオン数 ……………………… 8
反応領域 ………………… 115, 120
ファインマン規則 ……………… 50
ファインマン図 ………………… 49
フェルミオン …………………… 7
フェルミ分布 …………………… 131
ブジョルケン・エネルギー密度 · 119, 130
不変質量 ………………………… 28
ボーズ分布 ……………………… 131
ボゾン …………………………… 8
ボトムニウム …………………… 178

▌ま▶

ミューオン ……………………… 13
メソン …………………………… 7

▌や▶

横運動量 ………………………… 25
弱い相互作用 …………………… 15

▌ら▶

ラグランジアン ………………… 38
ラピディティー ………………… 31
離心率 …………………………… 151
量子色力学 ………………… 16, 37
量子電磁力学 …………………… 15
レプトン ………………………… 13
ローレンツ収縮 ………………… 27
ローレンツ変換 …………… 20, 21
エネルギー・運動量の── …… 24

著者紹介

秋葉康之（あきば　やすゆき）

1982 年	東京大学理学部物理学科 卒業
1984 年	東京大学大学院理学系研究科物理学専攻 修士修了
1988 年	東京大学 理学博士
1988 年	東京大学原子核研究所 助手
1997 年	高エネルギー加速器研究機構 助手
2003 年	理化学研究所 副主任研究員
2004 年	RHIC・PHENIX実験の副実験代表者
2008 年	理研BNL研究センター実験グループリーダー（兼任）
専　門	高エネルギー原子核実験
受賞歴	2011年 仁科記念賞受賞（「衝突型重イオン反応の諸研究，特にレプトン対生成による高温相の検証」）

基本法則から読み解く 物理学最前線 3
クォーク・グルーオン・プラズマの物理
実験室で再現する宇宙の始まり

Physics of Quark Gluon Plasma
—Recreating Hot Matter
in Early Universe in Laboratory—

2014 年 4 月 15 日　初版 1 刷発行

著　者	秋葉康之 ⓒ 2014
監　修	須藤彰三 岡　真
発行者	南條光章
発行所	共立出版株式会社 東京都文京区小日向 4-6-19 電話　03-3947-2511（代表） 郵便番号　112-8700 振替口座　00110-2-57035 URL http://www.kyoritsu-pub.co.jp/
印　刷	藤原印刷
製　本	中條製本

検印廃止
NDC 429.6
ISBN 978-4-320-03523-2

一般社団法人 自然科学書協会 会員

Printed in Japan

JCOPY ＜(社)出版者著作権管理機構委託出版物＞
本書の無断複写は著作権法上での例外を除き禁じられています．複写される場合は，そのつど事前に，(社)出版者著作権管理機構（電話 03-3513-6969，FAX 03-3513-6979，e-mail: info@jcopy.or.jp）の許諾を得てください．

カラー図解 物理学事典

Hans Breuer [著]　Rosemarie Breuer [図作]
杉原 亮・青野 修・今西文龍・中村快三・浜 満 [訳]

ドイツ Deutscher Taschenbuch Verlag 社の『dtv-Atlas 事典シリーズ』は，見開き2ページで一つのテーマ（項目）が完結するように構成されている。右ページに本文の簡潔で分かり易い解説を記載し，左ページにそのテーマの中心的な話題を図像化して表現し，本文と図解の相乗効果で，より深い理解を得られように工夫されている。本書は，この事典シリーズのラインナップ『dtv-Atlas Physik』の日本語翻訳版であり，基礎物理学の要約を提供するものである。内容は，古典物理学から現代物理学まで物理学全般をカバーし，使われている記号，単位，専門用語，定数は国際基準に従っている。

■菊判・412頁・定価（本体5,500円＋税）　≪日本図書館協会選定図書≫

ケンブリッジ 物理公式ハンドブック

Graham Woan [著]／堤 正義 [訳]

この『ケンブリッジ物理公式ハンドブック』は，物理科学・工学分野の学生や専門家向けに手早く参照できるように書かれた必須のクイックリファレンスである。数学，古典力学，量子力学，熱・統計力学，固体物理学，電磁気学，光学，天体物理学など学部の物理コースで扱われる2,000以上の最も役に立つ公式と方程式が掲載されている。詳細な索引により，素早く簡単に欲しい公式を発見することができ，独特の表形式により式に含まれているすべての変数を簡明に識別することが可能である。この度，多くの読者からの要望に応え，オリジナルのB5判に加えて，日々の学習や復習，仕事などに最適な，コンパクトで携帯に便利な"ポケット版（B6判）"を新たに発行。

■B5判・298頁・定価（本体3,300円＋税）　■B6判・298頁・定価（本体2,600円＋税）

独習独解 物理で使う数学 完全版

Roel Snieder著・井川俊彦訳　物理学を学ぶ者に必要となる数学の知識と技術を分かり易く解説した物理数学（応用数学）の入門書。読者が自分で問題を解きながら一歩一歩進むように構成してある。それらの問題の中に基本となる数学の理論や物理学への応用が含まれている。内容はベクトル解析，線形代数，フーリエ解析，スケール解析，複素積分，グリーン関数，正規モード，テンソル解析，摂動論，次元論，変分論，積分の漸近解などである。■A5判・576頁・定価（本体5,500円＋税）

共立出版

http://www.kyoritsu-pub.co.jp/　　（価格は変更される場合がございます）